Oliver Drewes

Das WALDTERRARIUM und seine Bewohner

Tokeh

Drewes, Oliver:
Das Waldterrarium und seine Bewohner / Oliver Drewes
Meckenheim: VIVARIA Verlag 2010
ISBN 978-3-9813176-1-9

Die Ratschläge und Anleitungen in diesem Buch wurden vom Autor nach bestem Wissen niedergeschrieben und vom Verlag und seinen Beauftragten sorgfältig geprüft. Dennoch kann eine Garantie nicht übernommen werden. Eine Haftung des Autors beziehungsweise des Verlages und seiner Beauftragten für Personen-, Sach- und Vermögensschäden ist ausgeschlossen. Ausgeschlossen ist ebenso die Haftung für Schäden, die aus der Verwendung von in diesem Buch empfohlenen Produkten resultieren könnten.

Layout und Satz: Oliver Drewes, 53340 Meckenheim
Zeichnungen: Vogelsang Werbegrafik, 53127 Bonn
Lektorat: Wort & Text, 40235 Düsseldorf
ISBN 978-3-9813176-1-9

Oliver Drewes
Dürerstr. 23
53340 Meckenheim

VIVARIA©

www.vivaria-verlag.de

INHALTSVERZEICHNIS

DAS WALD-TERRARIUM

Beschreibung

Beim Begriff Waldterrarium nur an mitteleuropäische Wälder zu denken, ist sicher nicht richtig. Klimatisch betrachtet, ist das Waldterrarium zwischen dem Trocken- und dem Regenwaldterrarium einzuordnen. Die Ausgestaltung des Terrariums ist wie die Temperatur und die Feuchtigkeit vom Herkunftsgebiet der jeweils gepflegten Art abhängig. Es kann eher trocken oder eher feucht gehalten werden. Für eher trockene Terrarien ist ein heller Standort ohne intensive Sonneneinstrahlung zu wählen. Ideal ist Morgen- und Spätnachmittagssonne, die in einen Teil des Terrariums scheint. An kühlen und bewölkten Tagen sollte als Ausgleich ein zusätzlicher Wärmestrahler eingeschaltet werden. Eher feuchte Terrarien sollten taghell bis schattig aufgestellt werden. Eine direkte Sonneneinstrahlung ist zu vermeiden.

Beispiel eines Waldterrariums

Das Waldterrarium ist klimatisch zwischen dem Trocken- und dem Regenwaldterrarium einzuordnen. Die Ausgestaltung ist wie die Temperatur und die Feuchtigkeit vom Herkunftsgebiet der gepflegten Art abhängig

Rückwand

Primäre Funktion von Rückwänden ist, sofern es sich nicht um Fotorückwände oder einfarbigen Anstrich der Terrarienaußenscheiben handelt, die Flächenvergrößerung für kletternde Tiere. Ein weiterer Vorteil von Rückwänden ist, dass sich die Tiere damit sicher fühlen. Ohne ihre schützende Wirkung sind die Tiere einem nicht zu unterschätzenden Dauerstress ausgesetzt. Bei etwas nervöseren Tieren sollten auch die Seiten mit einer Sichtschutzwand ausgestattet sein, so dass nur die Frontscheibe einzusehen ist. In Rück- und Seitenwände lassen sich Pflanzen einsetzen, die das Terrarium zu einem dekorativen Blickfang in jeder Wohnung machen. Der Terrarianer hat grundsätzlich die Wahl, fertige Rückwände aus dem Handel einzusetzen oder sich seine Rückwand in Eigenbau zu gestalten. Kalkuliert man die beim Eigenbau benötigte Arbeitszeit und die Materialkosten, erscheint der Anschaffungspreis der fertigen Rückwand auf den zweiten Blick auch gar nicht mehr so hoch. Dennoch kann für besondere Terrariengrößen oder bestimmte Vorstellungen des Halters der Eigenbau eine Alternative sein. Voraussetzungen sind handwerkliches Geschick, Geduld und Materialkenntnis. Rückwände, ob gekauft oder selbst angefertigt, die rückseitig nicht plan sind, sollten rundum unbedingt mit Silikon abgedichtet werden, um Parasiten und Futtertieren keine Zufluchtsmöglichkeit zu gewähren.

Presskorkplatten stellen die simpelsten Rückwände dar. In Frage kommt für die Terraristik nur gepresster Kork, da geklebter Kork unaufhörlich Lösungsmittel ausgast. Die Oberfläche lässt sich durch Sägen, Fräsen und Auskratzen individuell bearbeiten – zum Beispiel mit der Drahtbürste, einem flachen Spachtel oder einem Löffel. Ist das Material dick genug, können später sogar Pflanzen eingesetzt werden.

Viel natürlicher sieht **naturbelassene, gewalzte Korkeichenrinde** aus. Mit nach Herstellerangaben unbedenklichem Klebstoff sind die nur etwa 5 mm starken Rindenstücke auf eine ebenso starke Presskorkplatte aufgeklebt. Es gibt verschiedene Standardmaße, die aber auch leicht mit dem Allzweckmesser oder einer Säge auf Maß geschnitten werden können. Diese Rückwände sind dem eher trockenen Waldterrarium vorbehalten, bei zu viel Feuchtigkeit löst sich die Verklebung.

Noch plastischer wirkt eine Rückwand, wenn **flache Stücke Korkrinde** aneinander gesetzt und mit Silikon auf die Rückwand geklebt werden. Dazwischen können gewölbte Stücke, schräg angeschnitten, so mit eingearbeitet werden, dass sie mit Substrat befüllt und bepflanzt werden können. Die übrigen Zwischenräume lassen sich mit Epoxidgießharz auffüllen, um entkommenen Futtertieren oder Parasiten keinen Unterschlupf zu bieten.

Rückwände, die viel Substrat für Pflanzenwurzeln bieten, können aus **Kunststoffgeflecht oder Chromstahldraht** hergestellt werden. Dafür wird Drahtgeflecht auf einen Rahmen aus zum Beispiel Dachlatten gezogen, der später mit Silikon eingeklebt werden kann. Die Drahtstruktur wird durch eingesetzte Moosstücke beinahe unsichtbar. Der Zwischenraum hinter dem Moos wird mit Substrat befüllt. Je nach Größe der Pflanze kann mit einer Zange die Maschenweite des Drahts stellenweise größer geschnitten werden.

Wem dies zu aufwendig ist, der findet in fertigen **Kokosfasermatten** mit eingearbeiteten Pflanztaschen eine ideale Alternative. Die Kokosfasern sind mit natürlichem Kautschuk gegen Verrottung geschützt. Sie können mit gewöhnlichen, gleich starken Kokosfasermatten ohne Pflanztaschen kombiniert werden. Befestigt werden sie mit einigen Punkten Silikon.

Nach einem ähnlichen Prinzip wie die oben beschriebenen, gut bepflanzbaren Rückwände aus Kunststoffgeflecht oder Chromstahldraht können auch dreidimensionale Felslandschaften konstruiert werden. Dazu wird eine möglichst feine **Drahtgaze** großzügig bemessen auf einem kleineren Holzrahmen fixiert. Die entstehenden Falten werden beliebig in Form gebracht. Anschließend wird die Drahtgaze mit Epoxidharz, Moltofill für den Außenbereich oder mit Fertigbeton bestrichen. Wahlweise können Farbzusätze verwendet oder der frische Anstrich mit Materialien wie Sand abgebunden werden.

Eine Unmenge von Gestaltungsmöglichkeiten bietet das Arbeiten mit **Styropor** oder dem etwas festeren **Styrodur**. Bruchstücke in einer Stärke von 1-2 cm lassen sich mit Silikon aufeinander kleben; sie sehen später wie Steinplatten aus. Aus einige Zentimeter dickem Material oder mehreren aufeinander geklebten 1-2 cm starken Platten lassen sich sogar Felsstrukturen formen. Das Material kann mit einem Messer, Löffel, Spachtel oder Ähnlichem bearbeitet werden. An der frischen Luft lassen sich mit Lötkolben oder Bunsenbrennern schöne Strukturen prägen. Auch Pflanztöpfe können mit Hilfe von Silikon eingesetzt werden. Anschließend wird die Oberfläche mit Epoxidharz, Moltofill für den Außenbereich oder Fertigbeton überzogen. Je nach Geschmack und Terrarientyp lassen sich mit Torf- und Kokosfasern, Kies, Sand oder zementfesten Farben natürlich wirkende Oberflächen erzielen. Verwendet man Farben, wirkt nach meiner Erfahrung der Kontrast einer helleren Grundfarbe mit dunkleren Sprenkeln sehr echt. Dies erreicht man durch eine in wenig Farbe getauchte Zahnbürste, deren Borsten man mit dem Daumen nach vorn schnellen lässt.

Ein noch viel formbareres Material ist **PU-Schaum**. Mit Polyesterharz bestrichen, gibt er im Terrarium keine Schadstoffe ab. Er kann aus der Dose oder besser noch aus der Pistole gesprüht werden. Großer Vorteil der Pistole sind ihre regulierbaren Düsen. Zudem kann man die Arbeit längere Zeit unterbrechen, ohne wie beim Arbeiten mit der Dose gezwungen zu sein, den gesamten Inhalt vor dem Aushärten zu verarbeiten. Je nach Terrariengröße befestigt man einen Rahmen auf einem Holzbrett und legt die Form mit Papier aus, um die Rückwand später besser herauslösen zu können. Die Tiefe der späteren Rückwand sollte beim Auswählen der Rahmen berücksichtigt werden. Nun wird die Form ausgeschäumt. Anschließend kann man den PU-Schaum mit Wasser besprühen und je nach Umgebungstemperatur nach 15-30 Minuten die nicht mehr klebrige, aber noch formbare Masse nachträglich verändern. Der Fantasie sind grundsätzlich keine Grenzen gesetzt. Man kann eine Rückwand in einem Arbeitsgang fertig stellen. Man kann aber auch mit einer dünnen Schicht beginnen. In diese werden dann beispielsweise Töpfe für Pflanzen, Filmdöschen als Froschhöhlen oder Wasserbecken für Ultraschall-Nebler eingearbeitet. Natürlich können auch Kunststoffrohre und -winkel eingebracht werden, durch die später das Wasser aus einem kleinen Teich wieder nach oben zum Wasserfall gepumpt wird. Wenn der PU-Schaum getrocknet ist, wird die Rückwand mit Polyesterharz bestrichen. Nach einwöchiger Trockenphase wird dieser Schritt wiederholt, und je nach Wunsch wird Kies, Sand oder Bodengrund mit aufgetragen. Nach mehrmaligem Wässern sollte die Rückwand dann etwa einen Monat ausgasen, bevor sie ins Terrarium eingesetzt wird.

Diese Hartschaumrückwand aus dem Handel passt gut zu asiatischen Geckos.

Kokosfaserrückwände mit Pflanztaschen und künstlichen Pflanzen.

Presskorkrückwände aus dem Zoofachhandel sind tierverträglich zusammengeleimt.

Zierkorkrückwände gibt es mit feiner und grober Struktur, je nachdem, ob die Innen- oder Außenseite der Korkrinde gewalzt wurde.

Wie bei dieser vom Autor gefertigten Rückwand aus PU-Schaum lassen sich individuelle Maße und Vorstellungen verwirklichen.

Albino Königspython im Terrarium mit Korkplatten, Weinreben und Kunstpflanzen.

Dekoration

Dekorationsmaterialien erfüllen für die artgerechte Haltung unterschiedliche Zwecke.
Viele Terrarientiere brauchen vor allem **Klettermöglichkeiten**. Die Stärke der Äste sollte der Größe und Sitzgewohnheit der Tiere entsprechen. Werden Äste als Sonnenplätze benutzt, müssen sie horizontal unter einer Lichtquelle angebracht werden. Klefteräste müssen der Größe und dem Gewicht der Tiere entsprechen. Gegebenenfalls sind Äste auf einer großflächigen Grundfläche fest zu verschrauben.
Unerlässlich sind Dekorationen, um **Verstecke** zu schaffen. Diese vermitteln den Tieren Sicherheit, bieten Zuflucht und die Möglichkeit zur Abkühlung durch Verdunstungskälte. Damit Höhlen nicht nur der Gewissensberuhigung des Halters dienen, sondern dem Tier wirklich nützen, sollten sie kaum größer sein als das Tier selbst. In der Höhle fühlt sich das Tier bei Körperkontakt zum Versteck erst geschützt. Für Pfleglinge, die durch Mitbewohner des Terrariums zuweilen gejagt werden, dürfen Höhlen allerdings nicht zu ausweglosen Fallen werden.
Ideal sind Dekorationen auch, um **Sichtbarrieren oder Reviergrenzen** zu schaffen. Bei Haltung von mehreren territorialen Männchen sollten mehrere Futterstellen mit dazwischen angebrachtem Sichtschutz eingerichtet werden.
Gerne werden Dekorationen, vor allem Steine und Äste, von den Tieren auch als Häutungshilfen benutzt. Dem Halter dienen Dekorationsmaterialien zum Kaschieren von technischem Zubehör.
Grundsätzlich muss bei der **Aufstellung** sichergestellt werden, dass Futterreste und Exkremente immer noch entfernt werden können. Lüftungsgitter dürfen nicht von Dekorationsmaterial abgedeckt werden. Vor allem dürfen Dekorationsgegenstände nicht umfallen. Sie sollten immer direkt auf den Glasboden des Terrariums gestellt werden, damit sie nicht untergraben werden können. Steinaufbauten sollten mit Silikon oder Zement verklebt werden.
Nachfolgend soll auf einige Dekorationsmöglichkeiten näher eingegangen werden:

Hölzer sind die am häufigsten in Terrarien eingesetzten Dekorationsmaterialien. Aus der Natur entnommenes Material sollte nicht modrig riechen, da der Geruch besonders beim Einsatz in eher feuchten Waldterrarien recht unangenehm ist. Schnecken und eingebrachte Insekten sind für die meisten Terrarienbewohner ein willkommenes Zusatzfutter. Zu bedenken ist, dass sich in Stücken mit rauer Rinde, Öffnungen oder Spalten Parasiten leichter festsetzen. Äste sollten nie überkreuzt werden, da sich Echsen in Öffnungen leicht den Schwanz einklemmen können. Genauso müssen Schnittstellen von Ästen möglichst spaltenlos an die Rückwand oder Terrarienscheibe gestellt werden. Recht gut halten sich im Terrarium Äste von Pflaumen- und Birnbäumen. Dekorativ und knorrig sind die beim Stutzen kleiner Apfelbäumchen anfallenden Äste, wie sie in Gegenden mit viel Obstanbau zu finden sind. Schöne Formen haben auch dickere Zweige der Korkenzieherweide oder der Korkenzieherhasel.

Weinreben sind sehr gut in Terrarien einsetzbar und verwittern nicht so schnell. Allerdings dürfen an diesen keine Rückstände von Chemikalien zu finden sein, wie sie im Weinanbau regelmäßig gegen Rebläuse oder Mehltau eingesetzt werden.

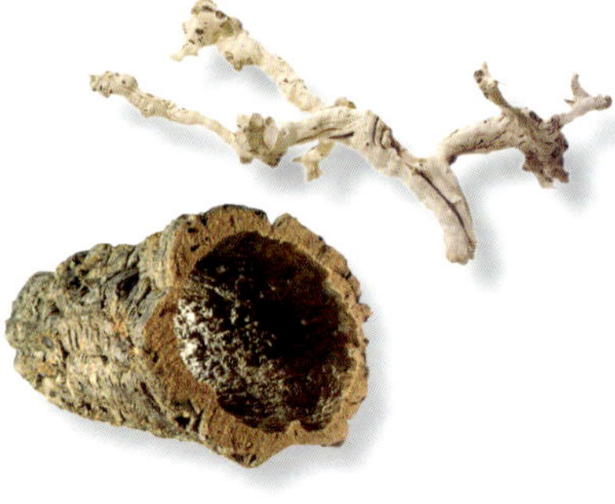

Äußerst beliebt sind Korkrinde und Korktronchos. Lange haltbar und ansprechend geformt sind Moorkien-, Savannen- und Tropenholz.

Als Wassergefäße oder umgekehrt aufgestellt als Höhle lassen sich halbierte Kokosnussschalen gut verwenden.

Geckos klettern gerne auf Bambusrohren und benutzen Bambusröhren mit größerem Durchmesser bevorzugt als Behausung.

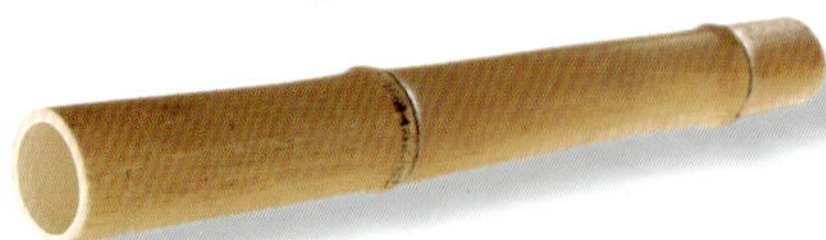

Gerade für tropische Terrarien sind Schwarztorfstücke ein ausgezeichnetes Gestaltungsmaterial, da sie mit Sägen und Feilen bearbeitet werden können.

Gerne werden im Terrarium zur Dekoration auch **Steine** verwendet. Schiefer lässt sich gut spalten und zerkleinern.

Weißes Lochgestein hat im Vergleich zu jugoslawischem Lochgestein keine scharfen Kanten.

Lavastücke sind in der Regel nicht sehr dekorativ, recht kantig und saugen unheimlich stark Urin und Exkremente auf. Dekorationsgegenstände aus **Keramik** haben den Vorteil, dass die Materialoberfläche nicht wie bei manch künstlicher Dekoration durch den scharfen Urin der Tiere angeriffen und mit der Zeit matt wird. In einem heißen Wasserbad lassen sich eingezogene Urin- und Kotflüssigkeiten auswaschen.

Gleiches gilt für Hohlziegel, die zwar im Terrarium nicht so natürlich aussehen, aber gute Verstecke darstellen.

Aus **Kunstharz** nachgebildete Wurzel- und Aststücke sind, im Terrarium eingesetzt, optisch kaum von natürlicher Dekoration zu unterscheiden. Ihr Vorteil ist, dass sie Parasiten kaum Unterschlupf gewähren, einfach zu desinfizieren sind und nicht schimmeln.

Künstliche Pflanzen erfüllen im Terrarium überwiegend dekorativen Zweck. Den Tieren ist es grundsätzlich egal, ob die Pflanzen echt sind oder nicht. Für den Terrarianer aber haben die künstlichen Pflanzen mehrere Vorzüge: Sie müssen nicht gegossen werden, sind nicht vom Licht abhängig und gehen nicht ein. Vor allem aber lassen sie sich sehr gut reinigen. In vielen Terrarien sind echte Pflanzen dennoch vorzuziehen, zum Beispiel wegen ihrer klimabeeinflussenden Wirkung.

Trink- und Badeschälchen dürfen bei der Terrariendekoration grundsätzlich nicht fehlen. Sie werden von den Terrarientieren in erster Linie zum Trinken und Baden benutzt. Viele Arten koten allerdings auch gern im Wasser, was eine regelmäßige Reinigung erforderlich macht. Andere Arten benutzen den Wasserteil auch zur Vorbereitung auf die Häutung. Die **Größe** der Wasserschale hängt somit vom Trink- und Badebedürfnis sowie der Körpergröße des gepflegten Tieres ab. Trink- und Badeschälchen können aus unterschiedlichem Material sein. Ton-, Glas- und Edelstahlschalen lassen sich leicht auswischen und sind sehr glatt, so dass sich keine Algen ansetzen. Sie eignen sich besonders gut für Quarantäneterrarien. Schälchen aus Kunstharz gibt es in Steinoptik; sie sehen im Terrarium sehr natürlich aus. Sofern sie zur Terrariendekoration passen, sind auch halbe Kokosnussschalen geeignet. Damit möglichst wenig Bodengrundsubstrat in die Badeschälchen getragen wird, kann man eine Abtropfschicht aus grobem Kies, Rinden- oder Holzstückchen im Übergangsbereich zu Wasserstellen als Bodengrund verwenden. Übergeschwapptes Wasser kann so zudem besser versickern. Ideal sind Eckschalen, die nur von einer Seite begehbar sind.

Bodengrund

Der Bodengrund in einem Waldterrarium wird mehr oder weniger feucht gehalten. Er dient je nach Material der Erhaltung der Luftfeuchtigkeit, dem Grabbedürfnis, der Eiablage oder als Pflanzsubstrat. In den meisten Fällen spielt die Höhe des Substrats eine wichtige Rolle. Deckt man die Bodenschicht im Waldterrarium mit Laub, Moos und Rindenstücken ab, können sich kleine Terrarientiere gut darunter verstecken.

Von reiner Erde als Bodengrund sollte in Waldterrarien abgesehen werden, da diese schnell fault. Um in eher feuchten Waldterrarien Staunässe zu verhindern, sollte zuunterst eine Drainageschicht aus Blähton oder Kies eingezogen werden. Eine zwischen Substrat und Drainageschicht eingesetzte Schicht Filterwatte, wie sie für Aquarien verkauft wird, verhindert ein Vermischen der Schichten. Über einen umgekehrten Trichter, mit dem dünnen Ende nach oben eingebracht, kann überschüssiges Wasser durch einen eingeführten Schlauch abgelassen werden. Am besten wird vor dem Einbringen des Bodengrundes eine Glasscheibe schräg, nach vorn abfallend, über der Bodenscheibe des Terrariums eingesetzt. Eine Versumpfung des Bodengrundes wird vermieden, wenn das Wasser mit einem Abfluss in der Bodenplatte abgeleitet werden kann.

Obwohl der Bodengrund regelmäßig von Kot und Futterresten befreit wird, ist spätestens dann, wenn der Geruch als unangenehm auffällt, ein Reinigen oder komplettes Ersetzen des Bodensubstrats notwendig. Viele Bodengründe können in heißem Wasser ausgespült und mehrmals eingesetzt werden, bevor eine Neuanschaffung unumgänglich wird. Während des Auswechselns werden die Terrarientiere in einen ausbruchsicheren Karton, Eimer oder ein Ausweichterrarium umquartiert.

Nachfolgend werden Vor- und Nachteile der verschiedenen Bodengründe in alphabetischer Reihenfolge genannt.

Blähton kennen Sie bestimmt aus dem Bereich der Hydrokulturpflanzen. In feuchten Waldterrarien eignet er sich als unterste Schicht, um Staunässe der oberen Substratschicht zu verhindern. Blähton speichert sehr gut die Feuchtigkeit, bietet in den Hohlräumen der relativ großen Kugeln aber ungewollt Unterschlupf für Futterinsekten. Zudem sehen die dicken Kugeln

Weibchen der Blutsaugeragame in ihrem natürlichen Habitat auf La Réunion.

auch optisch nicht besonders attraktiv oder natürlich aus. Ein Kompromiss ist das viel feinere Seramis.

Buchenspäne werden für größere Echsen und Schlangen verwendet. Für grabende Arten ist es nicht geeignet. Buchenspäne können scharfkantige Stücke enthalten, die bei Verschlucken zu Verletzungen führen und sich im Darm festsetzen können.

Buchenspäne eignen sich für Arten in eher trockenen Waldterrarien.

Douglasienrinde ist besonders saugfähig. Im Handel ist sie unter den Bezeichnungen „Terrano Red Bark“ oder „Reptibark“ bekannt. Den enthaltenen ätherischen Ölen wird eine antibakterielle Wirkung zugesprochen.

Douglasienrinde ist einer der beliebtesten Bodengründe für Halbfeucht- bis Feuchtterrarien.

Lehm wird hauptsächlich mit anderen Bodengründen gemischt. Als Substrat hält er die Feuchtigkeit, verdichtet sich, ist ideal für grabaktive Arten und kann gut bepflanzt werden.

Moos ist kein eigentlicher Bodengrund, sondern wird zum Abdecken anderer Substrate benutzt. Es ist besonders für feuchte Terrarien und die Amphibienhaltung zu empfehlen. Allerdings vermodert es mit der Zeit und muss so in regelmäßigen Abständen erneuert werden.

Moos lässt sich gut in Feuchtterrarien und bei der Haltung von Amphibien einsetzen.

Pinienrinde ist in ihrer Optik und ihrem Feuchtigkeitsspeichervermögen der Douglasienrinde sehr ähnlich. Im Handel werden verschiedene Feinheiten angeboten. Feines Rindensubstrat imitiert am ehesten den natürlichen Waldboden. Sofern im Handel erhältlich, ist Douglasienrinde vorzuziehen.

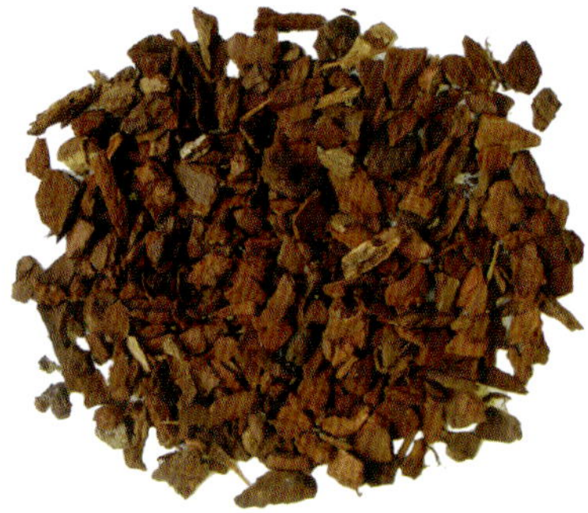

Pinienrinde ähnelt optisch Douglasienrinde, enthält aber nicht die antibakteriellen, ätherischen Öle.

Quellhumus wird in Blocks angeboten, die, mit 1,5 bis 8 Litern Wasser versetzt, aufquellen. Quellhumus speichert die Feuchtigkeit sehr gut und ist ein ideales Substrat für feuchte Waldterrarien. Er bietet sich für die Haltung von Fröschen an, wird aber auch oft für Spinnenterrarien verwendet. Quellhumus wird gerne mit anderen Substraten, beispielsweise Erde oder Sand, gemischt.

Quellhumus ergibt mit Wasser versetzt einen saugfähigen Bodengrund für Feuchtterrarien.

Rindenmulch wird für große Reptilien wie Warane und große Leguane verwendet. Bei kleineren Reptilien kann der Verzehr jedoch zu Darmverschluss führen. Im feuchten, nicht ausreichend gelüfteten Terrarium schimmelt das Substrat schneller als andere Substrate.

Sand wird im Waldterrarium allenfalls unter Quellhumus, Erde oder Torf gemischt. Als alleiniges Substrat ist er nicht typgerecht.

Untergemischter Sand erhöht die Wasser- und Luftdurchlässigkeit des Bodens.

Terrarienerde verdichtet sich bei Feuchtigkeit und ist ideal für grabaktive Arten. Beim Kauf sollte darauf geachtet werden, dass keine Düngerstoffe enthalten sind. Blumenerde ist ungeeignet, da sie schnell verrottet und übel riecht. Terrarienerde kann nicht gereinigt und wieder verwendet werden, braucht aber über einen längeren Zeitraum nicht ausgetauscht zu werden, wenn man den Kot der Tiere absammelt. Es empfiehlt sich, Regenwürmer einzusetzen. Sie vertilgen Abfallstoffe und dienen den Terrarientieren zusätzlich als Nahrung.

Terrarienerde hält die Feuchtigkeit und ist ideal für grabende Arten.

Torf hält sehr gut die Feuchtigkeit und verrottet nicht. Trockener Torf ist jedoch staubig, feuchter verklumpt leicht, und in nassem bilden sich Säuren. Verzehrtes Material kann sich bei Reptilien im Darm festsetzen. Torf allein ist als Bodengrund weniger geeignet, aber im Gemisch mit anderen Substraten wie Sand oder Erde zu empfehlen.

Douglasien- oder Pinienrinde sind aufgrund ihres Feuchtigkeitsspeichervermögens ideal, zum Beispiel für Königspythons, die leicht feuchtes, aber nicht zu nasses Bodensubstrat benötigen.

Der Malachit-Stachelleguan in seinem Habitat in San Gerardo de Dota auf Costa Rica.

Bepflanzung

Pflanzen erhöhen im Terrarium die Luftfeuchtigkeit, spenden Sauerstoff, dienen dem Zweck der Dekoration und Revierabgrenzung, bieten Sichtschutz, Schatten, Versteck- und Klettermöglichkeiten. Bei der Bepflanzung kann der Terrarianer seinen persönlichen Geschmack im Rahmen der spezifischen Ansprüche seiner Pfleglinge zum Ausdruck bringen. Die Herkunft der Pflanzen spielt keine Rolle, solange sie zum entsprechenden Terrarientyp passen und für die Tiere ungiftig sind. Bei der Auswahl der Terrarienpflanzen nimmt man große Pflanzen für die hinteren und kleine für die vorderen Bereiche des Terrariums, um die Bepflanzung übersichtlich zu gestalten. Bunte Pflanzen sollte man dezent als Farbkleckse einsetzen. Es ist ratsam, überwiegend grüne Pflanzen zu verwenden, da die Bepflanzung sonst schnell kitschig aussieht. Für kletternde Tiere wählt man robuste und hartlaubige Pflanzen, die auch deren Gewicht tragen. In relativ kleinen Terrarien fühlen sich kleinblättrige Pflanzenarten wohler, da sich großblättrige nicht gut entfalten können.

Neben dem zu erwartenden Wachstum müssen auch die Ansprüche der Pflanze selbst berücksichtigt werden. Das Wasser sollte beim Gießen der Terrarientemperatur entsprechen. Bei Verwendung von Wärmestrahlern kann die oberste Substratschicht ausgetrocknet erscheinen, während noch genügend Feuchtigkeit in der unteren Bodenschicht vorhanden ist. Gesprüht wird am besten mit kalkarmem Regenwasser. Zu kalkhaltiges Wasser hinterlässt auf den Blättern weiße Flecken. Ein weiterer Faktor ist der Bedarf an Licht. Falsche Beleuchtung wirkt sich auf Wachstum und Stoffwechsel der Pflanzen aus. Bekommen sie zu wenig Licht, vergilben die Blätter und es tritt Vergeilung, das heißt Längenwachstum, auf. Die benötigte Lichtintensität beträgt bei bevorzugt sonnigem Standort der Pflanze 100 000 Lux, bei hellem 10 000-20 000 Lux, bei halbschattigem 5 000-10 000 Lux und bei schattigem 2 500-5 000 Lux. Die Beleuchtungsdauer sollte täglich zwischen 12 und 14 Stunden liegen. Im Terrarium sollte zumindest eine pflanzenwuchsfördernde Leuchtquelle vorhanden sein. Für die Photosynthese sind besonders die Rot- und Blauanteile des Lichts notwendig. Eine günstige Farbzusammensetzung und hohe Lichtausbeute zeichnen HQL- und HQI-Strahler aus. Allerdings sind diese erst ab 50 oder 70 Watt erhältlich und wegen der Wärmeabgabe beziehungsweise dem erforderlichen Abstand zu den Pflanzen nicht für alle Terrarien geeignet. Ist der Abstand zu den Strahlern zu gering, vertrocknen die Blätter. Temperatur und Luftfeuchtigkeit sollten den Bedingungen in den Herkunftsgebieten entsprechen. Ob Pflanzen im Terrarium Dünger zugeführt werden kann, hängt von der Empfindlichkeit der gepflegten Tierarten ab. Im Zweifelsfall sollte lieber das Pflanzsubstrat erneuert werden. Generell sind Mangelerscheinungen bei Pflanzen eher durch falsches Licht und Wässern bedingt als durch zu wenig Nährstoffe.

Terrarienpflanzen lassen sich in verschiedene Gruppen einteilen. **Tillandsien** werden mit Nylonfäden, Streifen alter Nylonstrumpfhosen oder Draht direkt am Ast oder Stamm festgebunden. Die Drahtenden müssen gut weggebogen werden, damit die Tiere sich nicht verletzen. Tillandsien mögen es, wenn die Luftfeuchtigkeit nachts höher ist als tagsüber. Im eher feuchten Terrarium bekommen sie einen hellen bis sonnigen Standort. Epiphyten, **Aufsitzerpflanzen**, werden in Astgabeln oder Astlöchern angebracht. Astlöcher, in den Ast gebohrte Vertiefungen, müssen auf der Unterseite einen Abfluss haben, da die Pflanzen Staunässe nicht vertragen. Die Astlöcher werden mit Substrat wie Torfmoos, Kokosfasern und Lauberde befüllt, das mit Wurzel- und Aststückchen aufgelockert ist. Der Standort im eher feuchten Terrarium kann halbschattig bis hell sein. **Blattpflanzen** wie Baumfreund (Philodendron) und Birkenfeige (*Ficus benjamini*) benötigen halbschattige bis helle Standorte. Sie gedeihen gut in Halbfeucht- und Feuchtterrarien. Bromelien, die je nach Art epiphytisch auf Bäumen oder im Boden wurzeln, wachsen rosettenförmig. In ihren Blatttrichtern sammelt sich Wasser, das gern von Pfeilgiftfröschen aufgesucht wird. **Bromelien** werden im eher feuchten Terrarium an schattigen bis halbschattigen Standorten eingesetzt. **Farne** bevorzugen in Halbfeucht- und Feuchtterrarien schattige bis halbschattige Plätze. Sie verlangen hohe Luftfeuchtigkeit. Für unbeheizte Halbfeuchtterrarien eignet sich der einheimische Tüpfelfarn (*Polypodium vulgare*). Ebenfalls an schattigen bis halbschattigen Standorten mit hoher Luftfeuchtigkeit fühlen sich **Kletter- und Rankpflanzen** wohl. Besonders gut gedeihen Kriechender Gummibaum (*Ficus pumila*) und Efeutute (*Epipremnum aureum*). In der Gärtnerei gekaufte, kultivierte Pflanzen entwickeln sich besser als aus dem Garten entnommene. Im unbeheizten Halbfeuchtterrarium wächst auch einheimischer Efeu gut.

Auf den Einsatz im Terrarium sollten die Pflanzen vorbereitet werden. Oft sind erworbene Exemplare nämlich mit Pflanzenschutzmitteln behandelt, auf die manche Terrarientiere empfindlich reagieren. Statt die Pflanzen direkt einzusetzen, braust man sie am besten erst ein bis zwei Wochen lang täglich ab. Idealerweise werden Pflanzen nicht nur bei grabenden Tieren in Töpfen ins Terrarium eingesetzt. Auf diese Weise lassen sie sich besser entnehmen, wenn zum Beispiel einmal die Bekämpfung von Spinnmilben oder Läusen erforderlich ist. Die Bekämpfung von Pflanzenschädlingen muss ohne chemische Mittel erfolgen, beispielsweise kann eine Lösung aus Brennnesselblättern und Wasser gesprüht werden. Dies geschieht selbstverständlich nicht im Terrarium, und die Pflanzen müssen vor dem Wiedereinsetzen gut gewässert werden. Im Terrarium können Schädlinge nur mit einem feuchten Wattebausch, Lappen oder Schwamm abgewischt werden. Eventuell verschwinden die Schädlinge auch bei erhöhter Luftfeuchtigkeit, da sie trockene Umgebungen bevorzugen. Bewährt haben sich ebenfalls in 200 ml Wasser gelöste halbe Aspirintabletten. Die Lösung kann mit der Sprühflasche zur Schädlingsbekämpfung eingesetzt werden, ohne dass Terrarientiere Schaden nehmen. Werden stattdessen neue Pflanzen eingesetzt, sollte damit etwas gewartet werden, damit diese nicht von Schädlingen befallen werden, die sich noch im Terrarium befinden.

Jemenchamäleons reagieren in nicht ausreichend strukturierten oder bepflanzten Terrarien nach einer Studie des Baseler Zoos (Hegetschweiler et al., 2003) deutlich gestresst.

TERRARIENTECHNIK

Feuchtigkeit

Klimafaktor Feuchtigkeit

Die Feuchtigkeit ist ein wichtiger **Klimafaktor**. Ist das Klima zu trocken, kann es bei Terrarientieren zu Häutungsproblemen kommen. Für viele Tiere leitet hohe Feuchtigkeit erst die Paarungszeit ein. Ist das Klima jedoch zu nass und die Belüftung unzureichend, können die Tiere erkranken, beispielsweise an Atemwegsinfektionen. Darüber hinaus bildet sich im Terrarium Schimmel.

Zu unterscheiden sind grundsätzlich die Boden- und die Luftfeuchtigkeit.

Die **Bodenfeuchtigkeit** wird im eher trockenen Terrarium durch Besprühen beziehungsweise Bewässern der unteren Schichten erhöht. Im eher feuchten Terrarium wird dies noch durch den Einsatz feuchtigkeitsspeichernder Substrate wie Kokoschips, Schwarztorf oder Quellhumus unterstützt. Auch Bodenbedeckungen wie Moose halten die Feuchtigkeit.

Die **relative Luftfeuchtigkeit** ist das meist in Prozent angegebene Verhältnis zwischen der tatsächlich in der Luft vorhandenen Wassermenge und der theoretischen Maximalmenge, die bei einer bestimmten Temperatur vorhanden sein könnte. Warme Luft kann mehr Wasser aufnehmen als kalte Luft. Wenn die Temperatur ansteigt und die Wasserdampfmenge in der Luft gleich bleibt, dann sinkt die relative Luftfeuchtigkeit. Sinkt die Temperatur bei konstanter Wasserdampfmenge in der Luft, steigt die relative Luftfeuchtigkeit. Luft mit 100 % relativer Luftfeuchtigkeit ist gesättigt.

Die Messung erfolgt über Hygrometer, die im Terrarium gut einsehbar angebracht werden. In der Wohnung liegt die relative Luftfeuchtigkeit in der Regel bei etwa 50 %. Im Waldterrarium ist die Luftfeuchtigkeit mit bis zu 70 % relativ hoch. Das Terrarium sollte daher jeden Tag besprüht werden, das eher feuchte etwas stärker. Nachts ist die relative Luftfeuchtigkeit automatisch höher, da kältere Luft weniger Wasser aufnehmen kann und schneller gesättigt ist. Mit sinkender Temperatur nimmt die relative Luftfeuchtigkeit zu; bei steigender Temperatur fällt sie. Beheizung kann daher im Terrarium eine zusätzliche Feuchtigkeitszufuhr notwendig machen.

Dieses Hygro- und Thermometer ist digital und misst ohne Fühlerkabel.

Befeuchtungssysteme

Zur Erhöhung der Luftfeuchtigkeit gibt es verschiedene Möglichkeiten. Die einfachste besteht im Besprühen des Terrariums mit warmem Wasser aus einer **Sprühflasche**. Beim morgendlichen Sprühen in Waldterrarien hält sich der Aufwand noch in Grenzen. In eher feuchten Waldterrarien reicht unter Umständen schon ein beheizter **Wasserteil** aus, dessen Temperatur knapp unterhalb der Lufttemperatur liegt. Ebenso kann ein tagsüber betriebener **Springbrunnen** die Luftfeuchtigkeit erhöhen. Dieser kann in einem Gefäß, das einen geschlossenen Wasserkreislauf sicherstellt, schön in die Terrarienlandschaft integriert werden. Als Alternative gibt es auch einigermaßen natürlich wirkende **Wasserfälle** im Handel zu kaufen. Eine andere Möglichkeit ist das direkte Verdampfen des Wassers mit einem **Mini-Ultraschallnebler**. Mini-Nebler mit einem Durchmesser von 4 cm und einer Höhe von 4-5 cm verdampfen pro Stunde bereits 100-200 ml Wasser. Mit einem speziellen Intervallschalter oder einer einfachen Zeitschaltuhr kann die verdampfte Feuchtigkeitsmenge kontrolliert werden. Da neben dem feinen Wasserdampf regelmäßig auch größere Tropfen in die Luft geschleudert werden, sollte der Nebler mit Spritzschutz oder in einem möglichst großflächigen Gefäß betrieben werden. Fällt der Vorrat an Flüssigkeit unter einen bestimmten Mindeststand, schaltet sich der Nebler automatisch ab. Leider lagert sich an der auswechselbaren Membran gern Kalk ab, sodass die Betriebsdauer in Regionen mit hartem Wasser deutlich kürzer ist als in solchen mit weichem Wasser. Die Betriebsdauer kann durch Verwendung von entionisiertem Wasser verlängert werden, allerdings könnte es bei Terrarientieren, die ihren Feuchtigkeitsbedarf durch das Auflecken von Tropfen decken, zu Mangelerscheinungen kommen. Hier wäre regelmäßiges Entkalken der Membran in Essig oder einprozentiger Salzsäure (HCl) die Alternative. Nach dem gleichen Prinzip funktionieren auch große **Ultraschallnebler**, die außerhalb des Terrariums angebracht werden. Über flexible Schläuche kann der Wasserdampf mehreren Terrarien zugeführt werden. Für größere Terrarien kommen alternativ **Raumluftbefeuchter**, wie sie beispielsweise für Gewächshäuser angeboten werden, in Frage. Speziell für die Terraristik entwickelt, sind im Handel **Beregnungsanlagen** verschiedener Hersteller verfügbar. Über die kleinen Öffnungen der Düsen wird ein extrem feiner Nebel mehrmals täglich kurzzeitig versprüht.

Sprühflaschen sind die einfachste Lösung für kleine oder eher trockene Waldterrarien.

Lucky Reptile hat einen Vernebler mit integriertem Wasserbehälter im Programm.

Wasserfälle wie dieses Modell von Exoterra erhöhen im Terrarium die Luftfeuchtigkeit und sehen sehr dekorativ aus.

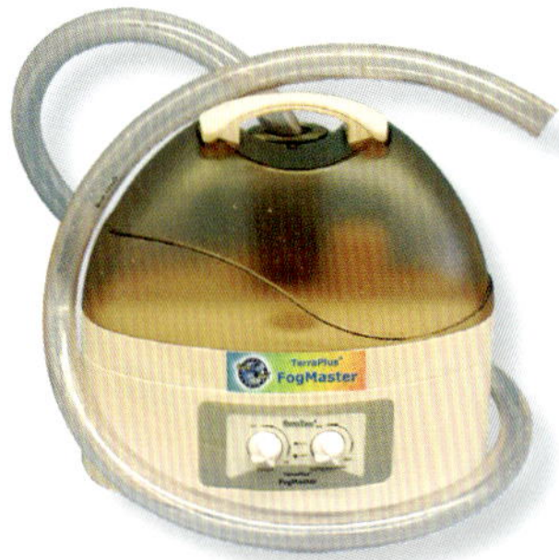

Eurozoo bietet einen Ultraschallbefeuchter mit separater Einstellung der Luftfeuchtigkeit an.

HOBBY verkauft Mini-Ultraschallvernebler. Da neben dem feinen Wasserdampf regelmäßig auch größere Tropfen in die Luft geschleudert werden, wird ein Spritzschutz mitgeliefert.

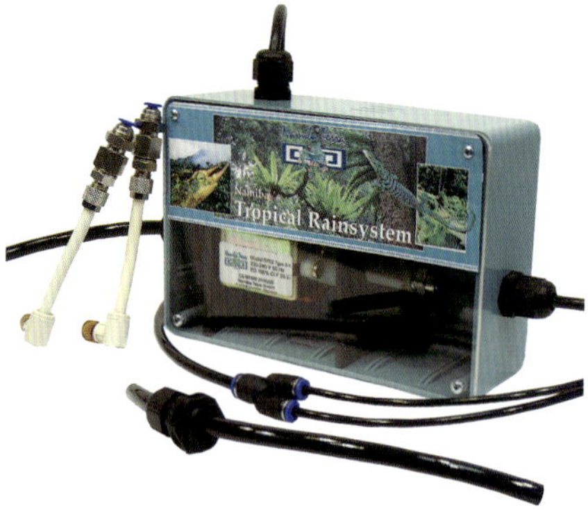

Namiba Terra hat eine Beregnungsanlage mit fein vernebelnden Düsen herausgebracht.

Regelung der Feuchtigkeit

Zur Aktivierung aller feuchtigkeitserhöhenden Geräte eignen sich **Zeitschaltuhren** mit Sekundenintervallen. Die Feuchtigkeit zu erhöhen, indem per Zeitschaltuhr Befeuchtungssysteme aktiviert werden, stellt für den Terrarianer aber nur eine unbefriedigende und nicht bedarfsgerechte Methode dar. Im Handel gibt es daher spezielle **Feuchtigkeitsregler**. Diese messen mit empfindlichen Fühlern die relative Luftfeuchtigkeit und aktivieren erst bei Unterschreiten der eingestellten Sollwerte angeschlossene Vernebler oder Beregnungsanlagen.

Ein Gerät, das darüber hinaus auch noch Schutz vor Überschwemmungen des Terrariums einerseits und vor dem Trockenlaufen der Pumpen von Beregnungsanlagen andererseits bietet, ist der von Oliver Drewes entwickelte und von Dohse Aquaristik produzierte ClimaControl. Er verfügt über eine Regelleiste mit zwei Steckplätzen. Neben der Feuchtigkeitsregelung kann zusätzlich die Terrarientemperatur mit einem unabhängigen Temperaturfühler gesteuert werden. Alternativ lässt sich auf dem zweiten Steckplatz zeitgesteuert die Beleuchtung mit sekundengenauer Schaltung oder programmierten Intervallen betreiben.

2009 wurde der ClimaControl vom größten Zoofachgeschäft der Welt, Zajac in Duisburg, mit dem Innovationspreis „Produkt des Jahres“ ausgezeichnet.

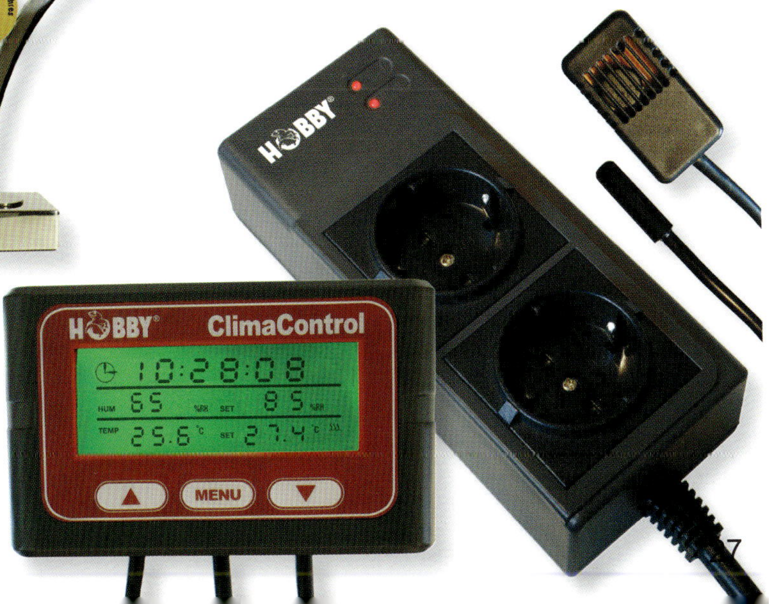

Temperatur

Klimafaktor Temperatur

Die Temperatur stellt in Ihrem Terrarium einen der bedeutendsten Faktoren dar. Wechselwarme Tiere brauchen zur artgerechten Pflege einen ganz spezifischen Temperaturbereich. Nur so können die wichtigsten Körperfunktionen ablaufen. Echsen benötigen im Vergleich zu gleich großen Vögeln etwa nur ein Zehntel des Energiebedarfs. Der Hauptteil der Energie wird bei Vögeln zur Konstanthaltung der Körpertemperatur gebraucht.

Echsen heizen sich hingegen in der Sonne auf. Morgens kommen sie aus ihren Verstecken und sonnen sich, bis sie ihre „Betriebstemperatur" erreicht haben. Diese halten sie dann durch den wechselnden Aufenthalt an Sonnen- und Schattenplätzen. Wüstenleguane sind morgens zum Beispiel sehr dunkel, um mit ihrer Farbe das Sonnenlicht zu absorbieren. Mit steigender Wärme wird ihre Körperfarbe immer heller. Herrschen Maximaltemperaturen, sind die Tiere fast weiß, um das Sonnenlicht zu reflektieren. Die Temperatur im Waldterrarium kann relativ niedrig sein, im Schnitt 20-25 °C, und darf lokal je nach Art auf 30 °C ansteigen. In eher feuchten Terrarien sollte auch ein trockenes Plätzchen vorhanden sein, an dem die Tiere unter einer Heizlampe ihre Körpertemperatur auf den optimalen Wert einstellen können. Im eher trockenen Terrarium entsprechen die Temperaturen unserer Klimazone, liegen also im Sommer höher und im Winter niedriger. Im Allgemeinen verweichlichen Terrarientiere bei stets monatsgleichen Temperaturen in der Terrarienhaltung. Maximale Wärme am Tag und entsprechende Absenkung der Temperatur bei Nacht erhalten die Tiere hingegen fit und beugen Erkrankungen wie Lungenentzündungen vor.

Nur wenn alle klimatischen Bedingungen denen des Herkunftsgebiets entsprechen, zeigen Ihre Terrarientiere auch ihr natürliches, wechselhaftes Verhalten.

Malachit-Stachelleguanen werden Sonneninseln von bis zu 35 °C eingerichtet.

Heizsysteme

Für die Beheizung des Terrariums gibt es unterschiedliche Systeme. Wird eine Heizung innerhalb des Terrariums angebracht, empfiehlt es sich, Zuleitungen in Kabelkanälen zu führen. Die Stromkabel sind so vor jeglicher Beschädigung geschützt, und in der Dekoration stören keine frei hängenden Elektrokabel. Sinnvollerweise beheizt man das Terrarium über die Beleuchtung, wie die Tiere es aus der Natur gewohnt sind.

Normale Raumtemperaturen sowie die Wärme von Leuchtstoffröhren aus Standardterrarien reichen für die meisten Terrarientiere nicht aus. Die gewünschte Temperatur wird über die Wattstärke der Strahler und deren Positionierung gewählt. Licht abgebende Wärmestrahler werden auch **Spotstrahler oder Reflektorlampen** genannt. Diese werden auf den nachfolgenden Seiten im Kapitel zur Beleuchtung näher beschrieben. Besonders starke Wärme über das Licht geben **Infrarotstrahler** ab. Sie werden bei tagaktiven Arten ausschließlich zur Erwärmung eingesetzt. Bei nacht- und dämmerungsaktiven Arten kann man in ihrem schwachen Licht die Terrarientiere gut beobachten.

Auch Infrarotstrahler werden bei der Haltung bestimmter Arten als Wärmequelle genutzt.

Eine andere Art von Infrarotwärmestrahlern sind **Dunkelstrahler**. Diese bestehen aus Keramik und sind in Stärken von 60 bis 250 Watt erhältlich. Der Wellenbereich ihrer Strahlung liegt außerhalb des sichtbaren Lichts. Dieser Umstand und die extremen Oberflächentemperaturen der Strahler können bei unsachgemäßer Verwendung zu lebensgefährlichen Verbrennungen der Tiere führen. Dennoch sind Dunkelstrahler für viele dämmerungs- oder nachtaktive Arten unverzichtbar. Bei Letzteren scheidet verständlicherweise die Beheizung in Verbindung mit Licht aus. Eine Bodenheizung reicht jedoch nicht aus, um die Luft im gesamten Terrarium auf die erforderlichen Werte zu erhitzen. Grundsätzlich dürfen Dunkelstrahler wegen der hohen Betriebstemperaturen nur in hitzebeständigen Geräten mit E27-Porzellanfassungen betrieben werden.

Elstein-Dunkelstrahler geben Energie nicht als sichtbares Licht, sondern nur als Wärme ab.

Heiß werdende Strahler dürfen nur mit Schutz wie dem Heat Protector betrieben werden.

Am sichersten ist der Betrieb außerhalb des Terrariums. Die Strahler sollten nicht zu nah am Glasdeckel befestigt werden. Idealerweise besteht der Deckel des Terrariums aus einer Drahtgaze. Bei tagaktiven, nicht kletternden Arten können Dunkelstrahler im Terrarium auch ohne Schutzkorb betrieben werden. Es empfiehlt sich, einen Spotstrahler auf die von Dunkelstrahlern bestrahlte Fläche zu richten. Bei kletternden, dämmerungs- und nachtaktiven Arten, beispielsweise Geckos, dürfen Dunkelstrahler im Terrarium nur mit Berührungsschutz, etwa einem Drahtkorb oder einer Drahtgaze, betrieben werden. Während des Betriebs ist stets gute Luftzirkulation sicherzustellen. Da die Luft durch den Betrieb der Strahler recht trocken wird, sind gegebenenfalls Maßnahmen zur Erhöhung der Luftfeuchtigkeit zu ergreifen.

Ein je nach Art ergänzendes oder alternatives Beheizungssystem ist die **Bodenheizung**. Zu unterscheiden sind Heizmatten und Heizkabel, die beide nur betrieben werden dürfen, wenn sie mit ausreichend Bodengrund abgedeckt werden. Bodenheizungen werden in feuchten Waldterrarien eingesetzt, um in Kombination mit feuchtem Bodensubstrat eine höhere Luftfeuchtigkeit zu erzielen. Grundsätzlich ist bei Verwendung einer Bodenheizung den Tieren ein unbeheizter Bereich zu belassen. Besonders grabende Arten sind Wärme von oben gewohnt und erwarten im Boden Abkühlung. Reptilienweibchen vergraben die Eier dort, wo ihnen die Bodentemperatur zusagt. Bei einigen Arten ist die Bodenheizung unerlässlich, da bei reiner Strahlungswärme von oben der Boden kalt bleibt und es zu Legenot kommt. Bei anderen Arten ist es genau umgekehrt: Die Irritation darüber, dass es, je tiefer gegraben wird, immer wärmer wird, führt zu Legenot. Wird, wie angesprochen, darauf geachtet, den Tieren einen unbeheizten Teil zu belassen, können beide Arten einen Bereich finden, der ihnen zusagt.

Heizkabel gibt es in verschiedenen Watt-Stärken und Längen. Der Grad der Erwärmung wird über die Enge der Schlaufen bei der Verlegung geregelt. Das Kabel wird mit Silikon oder Gewebeband direkt von innen auf die Terrarienbodenscheibe geklebt und mit Substrat abgedeckt. An warmen Stellen muss das Kabel entsprechend dichter gelegt werden. Vermeiden Sie beim Verlegen Überkreuzungen des Kabels. Verlegen Sie das Heizkabel immer um Dekorationen wie Steine herum, stellen Sie diese aber nie auf das Kabel. Bei grabenden Arten sollten Heizkabel mit so feinen Plastikgittern vollflächig abgedeckt werden, dass sich die Tiere weder in Kabelschlaufen noch im Schutzgitter verfangen können.

Heizkabel werden in Schlaufen verlegt; an warmen Stellen entsprechend enger.

Heizmatten werden, um Defekte der elektrischen Anschlüsse durch Feuchtigkeit oder Beschädigungen der Heizdrähte durch grabende Arten zu vermeiden, von außen unter dem Terrarienboden angebracht. Inzwischen gibt es im Handel auch Heizmatten, die statt mit Heizdrähten mit aufgesprühter, leitfähiger Farbe funktionieren. Während bei den herkömmlichen Modellen Heizdrähte brechen konnten, sind diese Modelle viel flexibler. Die meisten Modelle sind selbstklebend. Sie werden unter dem Terrarium befestigt, das auf Abstandhalter gestellt werden muss, um das Glas durch Luftzirkulation vor Bruch durch Überhitzung zu schützen. Zu beachten ist, dass selbstklebende Heizmatten später nicht mehr an einer anderen Stelle angebracht werden können.

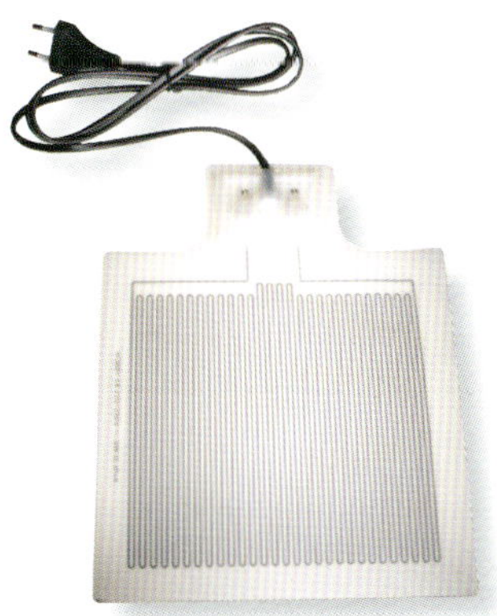

Heizmatten imitieren die reflektierte Sonnenwärme und nachts die gespeicherte Bodenwärme.

Regelung der Temperatur

Nicht nur die Tagestemperatur muss überwacht und geregelt werden, auch die automatische Nachtabsenkung der Temperatur ist bei einigen Arten von sehr großer Bedeutung. Die einfachste Methode, nachts die Temperatur abzusenken, ist, einfach die Heizung nachts abzuschalten. Dazu genügt eine normale Zeitschaltuhr. Über einen Mehrfachstecker kann die Beleuchtung zur gleichen Zeit abgeschaltet werden. Im Handel gibt es Wochen-Zeitschaltuhren, die sich jeden Tag zur gleichen Zeit ein- und ausschalten, und Tages-Zeitschaltuhren, mit denen zum Beispiel samstags oder samstags und sonntags der Tagesrhythmus zur besseren Beobachtung etwas variiert werden kann. Die empfehlenswertere Methode ist es, einen **Temperaturregler mit automatischer Nachtabsenkung** zu verwenden. Temperaturregler schützen das Terrarium vor Überhitzung. Dies kann sowohl bei defekten Heizgeräten, die sich nicht mehr abschalten, als auch im Sommer, wenn durch Sonneneinstrahlung und höhere Lufttemperaturen weniger geheizt werden muss, ausgesprochen wichtig sein. Mittels der Nachtabsenkungsautomatik werden nicht einfach wie bei Zeitschaltuhren alle Heizsysteme komplett abgeschaltet. Stattdessen wird die Temperatur stets um beispielsweise 5 °C oder 10 °C tiefer als am Tag gehalten. Dazu arbeiten Temperaturregler mit Fühlerkabeln. Wenn Sie diese mit einem Thermometer vergleichen wollen, beachten Sie bitte, dass Fühler und Thermometer in Ihrem Terrarium an derselben Stelle angebracht sein sollten. Bedenken Sie außerdem, dass billige Thermometer bis zu 2 °C und mehr vom angezeigten Wert abweichen können. Im Handel gibt es analoge und digitale Temperaturregler. Ein zuverlässiger Temperaturregler aus europäischer Produktion ist der Biotherm 2000. Er regelt beliebig viele Terrarien bis insgesamt 2 000 Watt Schaltleistung. Das Gerät unterscheidet Tag und Nacht mit Hilfe einer Fotozelle und senkt die Temperatur je nach Modell um 5 °C, 8 °C oder 10 °C ab.

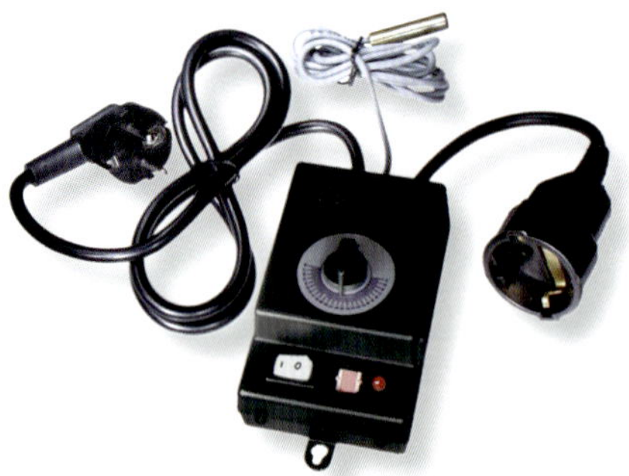

Biotherm Temperaturregler schützen vor Überhitzung und senken nachts die Temperatur ab.

Im Gegensatz dazu lässt sich der von Oliver Drewes entwickelte und von Dohse Aquaristik produzierte Biotherm pro digital programmieren. Er senkt die Temperatur in der Nacht ganz nach Ihrem Belieben ab. Der Biotherm pro verfügt über eine Regelleiste mit zwei Steckplätzen. Zusätzlich zur ersten Temperaturregelung kann eine zweite, unabhängige Temperaturzone mit zweitem Temperaturfühler gesteuert werden. Alternativ lässt sich auf dem zweiten Steckplatz zeitgesteuert die Beleuchtung regeln oder eine angeschlossene Beregnungs- oder Befeuchtungsanlage mit sekundengenauer Schaltung oder programmierten Intervallen betreiben.

Zur Kontrolle der Temperatur im Terrarium sind Thermometer unverzichtbar. Es gibt sie im Handel in unterschiedlichen Preisklassen. Geeignet sind analoge und digitale Thermometer. Thermometer aus Quecksilber sollten im Terrarium, wo Bruchgefahr durch Tiere besteht, nicht eingesetzt werden. Thermometerklebestreifen, wie sie in der Aquaristik zum Feststellen der Wassertemperatur dienen, messen die Lufttemperatur im Terrarium nicht genau genug. Während der Einfahrphase sollte an verschiedenen Stellen im Terrarium zu unterschiedlichen Zeiten die Temperatur gemessen werden, um einen Eindruck von der räumlichen und zeitlichen Temperaturverteilung zu bekommen.

Der Biotherm pro misst und regelt die Temperatur und verfügt über eine Zeitschaltuhr mit Sekundenschaltung und Intervallfunktion.

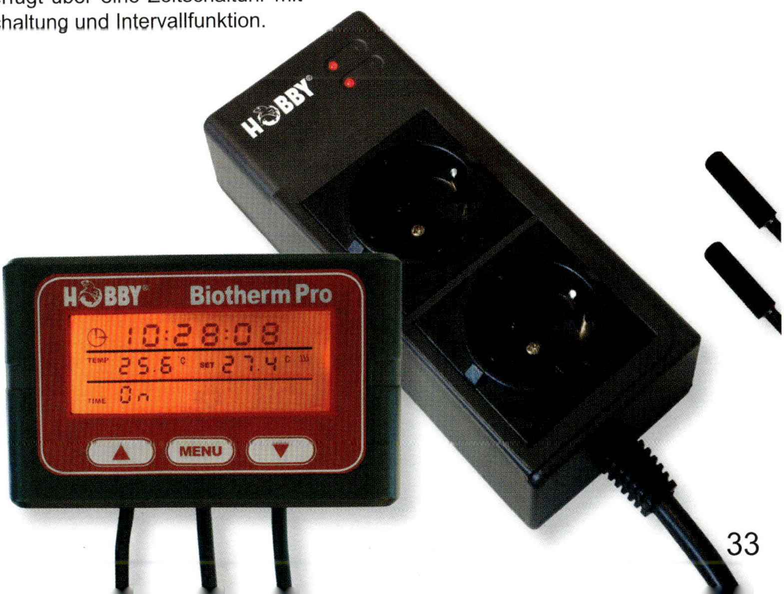

Beleuchtung

Klimafaktor Licht

Bei der künstlichen Beleuchtung sind die Lichtzusammensetzung, die Lichtintensität und die Beleuchtungsdauer von Bedeutung. **Licht** ist eine elektromagnetische Schwingung, deren unterschiedliche Wellenlängen vom Auge als unterschiedliche Farben wahrgenommen werden. Wellenlängen werden in Nanometer (nm) gemessen. 1 nm ist ein Milliardstel Meter, also 0,000000001 m lang. Für das menschliche Auge sind Wellenlängen von 380-780 nm sichtbar.

Die **Lichtzusammensetzung** der Terrarienbeleuchtung sollte dem natürlichen Sonnenlicht so nah wie möglich kommen. Ausschlaggebend sind Farbtemperatur sowie Farbwiedergabe. Die Farbtemperatur wird in Kelvin (K) gemessen. Weißes, kaltes Licht mit größeren Grün-, Blau- und Violett-Anteilen hat hohe Kelvin-Werte. Warmes Licht mit mehr orangen und roten Anteilen hat niedrige Kelvin-Werte. Die Werte des Tageslichts liegen zwischen 4 500 und 6 000 Kelvin. Die Farbwiedergabe wird mit dem Ra-Index auf einer Skala von 0-100 gemessen. Je höher der Ra-Wert, desto besser ist die Farbwiedergabe. Beim Kauf von Leuchtmitteln sollten Sie daher besonders auf hohe Ra-Werte achten.

Die Beleuchtung hängt von der Art der gepflegten Tiere ab. Tiere in eher feuchten Terrarien bevorzugen gedämpfteres, in eher trockenen Terrarien helles Licht. Ausreichende **Lichtintensität** ist das größte Problem bei der Beleuchtung. Selbst die stärkste Terrarienbeleuchtung entspricht kaum einer Lux-Zahl, wie sie in der Natur im Schatten unter Bäumen und Sträuchern zu finden ist. So werden in den Tropen 100 000 Lux in der Sonne und 10 000 Lux im Schatten gemessen. Eine 40 Watt-Glühlampe hingegen erreicht in 1 m Entfernung nur 35 Lux. Bei zu geringer Beleuchtung entwickeln die Tiere nicht ihre volle Farbenpracht, und ihre Aktivität ist sehr eingeschränkt. Pflanzen wachsen bei zu wenig Licht schneller, entwickeln sich aber schwächlich und blass. Als Intensität sind im Terrarium 3 000-10 000 Lux erforderlich.

Die genaue Beleuchtungsstärke und die Anzahl der Strahler oder Röhren können nicht pauschal angegeben werden. Sie sind zu sehr abhängig von gepflegter Art, Terrarienstandort, Terrariengröße, Bepflanzung und Dekoration. Durch Reflektoren kann die Lichtausbeute um bis zu

40 % erhöht werden. Die Dekoration muss gleichzeitig aber auch Schattenplätze mit 150-1000 Lux schaffen. In hohen Waldterrarien ist die Beleuchtung am artgerechtesten, wenn die Lichtintensität wie in der Natur oben am stärksten ist und nach unten hin abnimmt. Bei üppiger Bepflanzung stellt sich dieser Effekt automatisch ein. Entscheidend ist es natürlich für den Terrarianer, zu wissen, aus welchen Regionen des Waldes seine gepflegten Tiere kommen, um das Habitat entsprechend zu gestalten.

Eine starke Lichtquelle bringt das Problem der Wärmeabfuhr mit sich. Entsprechende Belüftung über Ventilatoren oder die Verwendung einer Drahtgaze als Terrariendeckel schafft hier Abhilfe. Letzteres ist ideal, da Drahtgazen auch die Anbringung von Strahlern außerhalb des Terrariums erlauben, was bei Glasabdeckungen nicht möglich ist, da Glas sämtliche, für viele Arten lebensnotwendigen UV-Anteile herausfiltert. So können kletternde Tiere die Strahler nicht erreichen und sich nicht verbrennen.

Wird keine Drahtgaze als Terrariendeckel benutzt, empfiehlt sich 5-10 cm unter der Lichtquelle das Einkleben von Leisten, auf die ein mit Drahtgaze bespannter Holzrahmen gelegt werden kann. Der Nachteil ist ein Lichtverlust, der durch höhere Strahlerstärken ausgeglichen werden muss. Alternativ kann Glas verwendet werden; dieses filtert jedoch den UV-Anteil des Lichts heraus.

Der tägliche Auf- und Untergang der Sonne kann mit Hilfe von Vorschaltgeräten nachempfunden werden, die das Licht innerhalb von 30 Minuten allmählich auf die maximale Beleuchtungsstärke regeln. Ich selbst schalte mit einer Zeitschaltuhr morgens zunächst zwei schwächere Röhren und 30 Minuten später zwei stärkere Röhren ein und abends umgekehrt wieder aus.

Die **Beleuchtungsdauer** ist für die meisten Echsen mit zwölf Stunden ausreichend bemessen. Bei schwächerer Beleuchtung kann die Dauer um zwei Stunden verlängert werden. Die Beleuchtung muss nicht nur dem Tag-Nacht-Rhythmus, sondern auch dem Sommer-Winter-Rhythmus gerecht werden.

Bei licht- und wärmebedürftigeren Arten, die unten nicht so viele Schattenplätze benötigen, empfiehlt sich außerdem die Installation eines zusätzlichen Strahlers zur Schaffung von **Sonneninseln**.

Leuchtmittel

Die am weitesten verbreiteten Leuchtmittel für Terrarien sind **Leuchtstofflampen**.

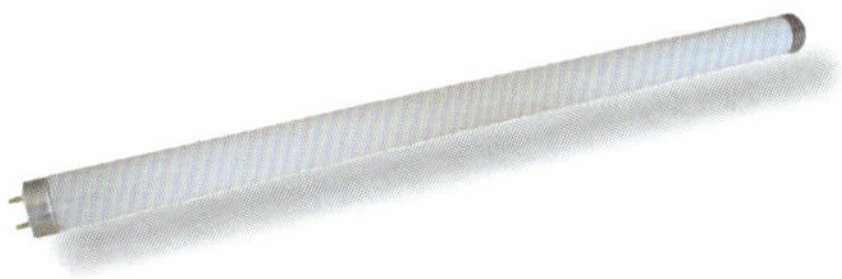

Überwiegend werden diese in Röhrenform verwendet. Leuchtstofflampen haben eine gute Lichtausbeute, eine lange Lebensdauer und geringen Stromverbrauch. Es werden unterschiedliche spektrale Zusammensetzungen angeboten, die den Pflanzenwuchs anregen, die Farben der Tiere unterstützen, das Tageslicht möglichst genau abbilden oder über UV-Anteile die Vitamin D_3-Synthese der Reptilien anregen. Passende Reflektoren können einzeln und in unterschiedlichen Längen nachgekauft werden. Leuchtstofflampen gibt es in verschiedenen Längen, Watt-Stärken und Farbzusammensetzungen. Es empfiehlt sich, ein Spektrum zu wählen, das dem des Sonnenlichts ähnelt. Durch die Kombination unterschiedlicher Lampen kann das Spektrum auf die Bedürfnisse von Tieren und Pflanzen abgestimmt werden. Da sie selbst keine Wärme abgeben, sind Leuchtstofflampen ideal für üppig bepflanzte Waldterrarien bis maximal 70 cm Höhe.

Während Glühlampen nur mit einer Brenndauer von rund 1 000 Stunden aufwarten können, brennen Leuchtstofflampen etwa 12 000 Stunden lang. Allerdings lässt ihre Leistung in dieser Zeit nicht unerheblich nach, ohne dass dies für das menschliche Auge sichtbar ist. Lichtsensible Tiere und besonders Pflanzen nehmen dieses Nachlassen aber sehr wohl wahr. Daher sollten die Leuchtstofflampen im Terrarium nach einer Nutzbrenndauer von 7 500 Stunden ausgewechselt werden, denn dann beträgt der Lichtstromabfall 20 %. Bei einer täglichen Einschaltzeit von zwölf bis vierzehn Stunden ist diese Nutzbrenndauer im Durchschnitt nach 19 Monaten erreicht.

Im Handel werden Leuchtstofflampen mit besonders hohen UV-A- und UV-B-Anteilen angeboten. Solche Leuchtmittel müssen schon nach sechs Monaten ausgetauscht werden. Unerheblich ist dies bei dämmerungs- und nachtaktiven Tieren, für die sonst auch einfache Röhren, wie sie für Zimmerbeleuchtungen verwendet werden, ausreichen. Diese Arten benötigen Licht nur zur Imitation des Tag-Nacht-Rhythmus.

Die birnenförmigen **Quecksilberdampf-Lampen** (HQL) geben helles, weißes Licht ab und sind auf Grund der hohen Lichtausbeute eher für trockene Waldterrarien ab 80 cm Höhe geeignet.

HQL-Strahler sind für Waldterrarien ab 80 cm Höhe geeignet.

Im Gegensatz zu Leuchtstofflampen geben Quecksilberdampf-Lampen viel Wärme ab. Daher sind der Betrieb in einer Keramikfassung, die Anbringung außerhalb des Terrariums sowie ein Mindestabstand zu Tieren und Pflanzen notwendig. Bei 125 Watt-HQL-Strahlern sollten für Echsen 15-20 cm Abstand ausreichen. Von Nachteil ist, dass die Farbwiedergabe nicht sehr gut ist und sich die Farbtemperatur mit 2 900-4 100 Kelvin nicht merklich von Leuchtstofflampen unterscheidet.

Die röhrenförmigen, zweiseitig gesockelten **Halogen-Metalldampf-Lampen** (HQI) geben weniger Wärme ab, zeichnen sich aber durch eine höhere Lichtausbeute aus und haben ein dem Sonnenlicht sehr ähnliches Lichtspektrum. Sie sind besonders für bepflanzte Terrarien geeignet. Ihr Vorteil gegenüber Quecksilberdampf-Lampen liegt in höheren Farbtemperaturwerten von 3 000-6 000 Kelvin und sehr guter Farbwiedergabe. Wegen der sehr hohen UV-C-Abgabe müssen HQI-Lampen zum Herausfiltern der Strahlung über dem gläsernen Terrariendeckel oder mit einer Strahlerabdeckscheibe betrieben werden.

Licht abgebende Wärmestrahler wie **Spotstrahler oder Reflektorlampen** erkennt man am versilberten Grund der Lampe. Sie geben zwar auch Licht ab, eignen sich aber weniger zur allgemeinen Terrarienausleuchtung.

Neodymiumlampen (links) geben farbverstärkendes Licht in breitem, Thermostrahler (rechts) Licht zur Thermoregulierung in schmalem Abstrahlungswinkel ab.

Mit Spotstrahlern werden für wärmebedürftige Arten besonders intensiv erwärmte „Sonneninseln“ geschaffen. Für tagaktive Echsen ist dies ideal, da diese Arten Wärme nur in Verbindung mit Licht wahrnehmen. In einem 40 cm hohen Terrarium erwärmen 40 Watt-Strahler in 30 cm Entfernung noch auf etwa 35-45 °C. Kontrollieren Sie die Temperatur mit einem Thermometer. Der Lichtkegel der Strahler sollte nicht direkt auf Pflanzen gerichtet werden, da diese sonst schnell verbrennen.

Kaltlicht-Halogenstrahler werden ergänzend zu anderen Leuchtmitteln als Effektbeleuchtung eingesetzt.

Halogenstrahler geben mehr Licht und Wärme ab und halten länger als herkömmliche Strahler.

Mit ihnen kann eine intensive punktuelle Beleuchtung ohne übermäßige Wärmeentwicklung erzielt werden, da 70 % der Wärme nach hinten statt nach vorn abgestrahlt werden. Werden Kaltlicht-Halogenstrahler statt mit 230 Volt über einen 12 Volt-Trafo betrieben, der sich stark erwärmt, kann dieser als zusätzliche Heizquelle, etwa unter dem Terrarium, genutzt werden.

Zur allgemeinen Beleuchtung sind **Glühlampen** in Terrarien von untergeordneter Bedeutung. Sie haben zwar einen roten Strahlungsanteil, der das Wachstum der Pflanzen durchaus begünstigt, geben das natürliche Farbspektrum aber nur unzureichend wieder. Die Lichtausbeute ist relativ gering, und die Betriebskosten sind, verglichen mit anderen Leuchtmitteln, relativ hoch. Glühlampen sind ausreichend für Futtertiere. Für dämmerungs- und nachtaktive Tiere werden rote und blaue Glühlampen angeboten.

Grundsätzlich den Glühlampen vorzuziehen sind **Energiesparlampen**. Diese können sehr gut in kleinen Terrarien, in die eine Leuchtröhre passt, eingesetzt werden.

Literaturtipp: Horn, H.-G. et. al. (2004): Vivarienbeleuchtung. Das richtige Licht in Aquarium und Terrarium. Edition Chimaira, Frankfurt am Main.

UV-B-Leuchtmittel

Bei tagaktiven Echsen ist die UV-B-Strahlung für den Kalziumhaushalt entscheidend. Die von Leuchtstoffröhren abgegebene UV-B-Emission reicht zur Vitamin D_3-Synthese nicht aus. Nur mittels spezifischer UV-Strahler kann in der Haut der Echsen das Vitamin D_3 ausreichend gebildet werden, ohne das mit der Nahrung aufgenommenes Kalzium nicht verarbeitet werden kann. Ohne Kalzium bleiben die Knochen weich und es kommt zu Verkrüppelungen (Rachitis) bis hin zum Tod. Die durch Vitamin D_3-Mangel bedingte Störung des Kalzium-Phosphor-Haushaltes wirkt sich nicht nur auf die Knochen, sondern auch auf die Muskeln aus (rachitische Muskelschwäche). Alternativ zur Bestrahlung kann die Vitamin D_3-Versorgung auch über Ergänzungsfuttermittel sichergestellt werden.

UV-B-Strahler mit klarem Glas weisen sehr hohe UV-B-Werte auf, die allerdings nur in einem ganz schmalen Winkel abgegeben werden. Die UV-B-Abgabe rechts und links vom Beamspot fällt extrem ab.

UV-B-Strahler mit gefrostetem Glas weisen niedrigere UV-B-Werte auf, verteilen diese aber in viel breiterem Abstrahlungswinkel und versorgen die Tiere dadurch besser.

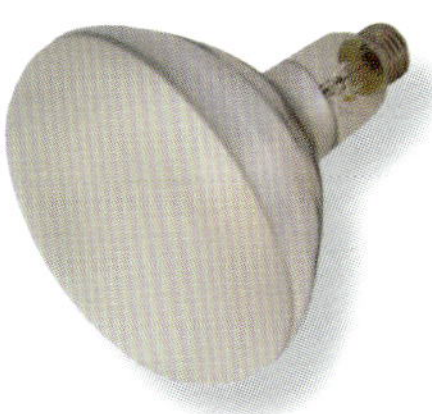

Mit der *Reptile vital Mini* bietet die Marke HOBBY eine 100 Watt UV-B-Lampe mit kleinerer Bauform als herkömmliche 160 Watt Versionen.

Für niedrige Terrarien oder geringen Bestrahlungsabstand zum Tier sind auch UV-B-Kompaktlampen eine Alternative.

TERRARIENTIERE IM PORTRÄT

Erläuterung der Porträts

Nachfolgend wird eine Auswahl der am häufigsten im Waldterrarium gehaltenen Terrarientiere vorgestellt. Dem (angehenden) Terrarianer soll dadurch ein Überblick verschafft und die Entscheidung zur Pflege einer bestimmten Art erleichtert werden.

Andere(r) Name(n): Nennung ehemals wissenschaftlich gültiger Bezeichnungen, die mit anderer systematischer Zuordnung durch neue Erkenntnisse der Zoologen verworfen wurden, oder synonyme deutsche Bezeichnung.

Familie: Nennung der taxonomischen Zuordnung.

Herkunft: Angabe, wo die beschriebene Art ihr natürliches Verbreitungsgebiet hat.

Größe: Genannt werden die Gesamtlänge und die Kopf-Rumpf-Länge, bei letzterer also das Maß vom Anfang der Schnauze bis zum Kloakenspalt.

Beschreibung: Auflistung typischer Erkennungsmerkmale einer Art.

Aktivitätszeit: Angabe, wann die Tiere aktiv und so am besten zu beobachten sind.

Lebensweise: Information, ob die Art in der Natur boden-, busch-, fels- oder baumbewohnend ist.

Verhalten: Beschreibung des Verhaltens der Tiere in ihrem natürlichen Lebensraum und im Terrarium.

Zusammensetzung: Die Hinweise sind wie folgt zu verstehen: 1,0 oder 0,1 bedeutet, dass Männchen beziehungsweise Weibchen einzeln zu halten sind. 1,1 signalisiert, dass die Tiere paarweise gepflegt werden müssen. 1,X bedeutet, dass mit einem Männchen mehrere Weibchen gehalten werden können. X,X verrät Ihnen, dass mehrere Männchen mit mehreren Weibchen gehalten werden können, was selten und nur bei aggressionslosen Arten der Fall ist.

Geschlechtsunterscheidung: Hinweise auf Merkmale zur Unterscheidung der Geschlechter bei erwachsenen Tieren.

Nahrung: Auflistung üblicher Futterarten.

Terrarium: Angaben zur Größe des Terrariums. Diese sind angelehnt an die gesetzlichen Mindestanforderungen an die Haltung von Terrarientieren, wurden aber im Zweifelsfall zu Gunsten der Art nach oben verändert. Soweit vom Standard abweichend, Hinweise zur Einrichtung.

Temperatur: Temperaturempfehlungen für Tag, Nacht, Wasserteile und

Sonneninseln.

Luftfeuchtigkeit: Angabe der optimalen Luftfeuchtigkeit am Tag und in der Nacht. Wichtig für die problemlose Häutung.

Beleuchtung: Angaben zu Beleuchtungszeiten und Hinweis auf die Notwendigkeit von UV-Bestrahlung.

Winterruhe: Beschreibung von Dauer und Temperatur der winterlichen Ruhezeiten. Oft Voraussetzung für die erfolgreiche Zucht.

Fortpflanzung: Informationen zu Eiablage, Gelegegröße sowie Inkubation der Eier.

Bemerkung: Hier werden über die übliche Porträtierung hinausgehende Informationen genannt.

Eignung: Hier werden Schwierigkeitsgrad und besondere Ansprüche an die Terrariengröße, Erfahrung des Pflegers et cetera hervorgehoben.

Literatur: Empfehlungen, wo über dieses Buch hinausgehende Informationen zu finden sind.

Klimagraphiken: Diese beziehen sich repräsentativ auf Werte einer einzelnen Klimastation innerhalb des Verbreitungsgebietes basierend auf den Veröffentlichungen von Müller (1996) im Handbuch ausgewählter Klimastationen der Erde. Zu beachten ist, dass die klimatischen Bedingungen vor allem bei Arten mit großen Verbreitungsgebieten, je nach Standort sehr unterschiedlich sein und von den hier dargestellten Klimadaten mehr oder weniger stark abweichen können. Die Auswahl der Stationen erfolgte nach Informationen des Großhandels über die Fanggebiete der importierten Arten, Standortbenennungen aus Primärquellen oder repräsentativer Erachtung. Insofern sind die Angaben als grundlegende Informationen zum jährlichen Klimaverlauf zu verstehen. Mitunter weichen Angaben auch von anderer Literatur ab. Inwieweit Winterruhe positiv die Fortpflanzung stimulieren könnte, bleibt dabei unberücksichtigt. Dass ein Terrarium zur Thermoregulierung der Arten unterschiedliche Temperaturbereiche und wärmere Sonneninseln aufweisen sollte, ist selbstverständlich.

Die jeweils obere Klimagrafik des Artenporträts zeigt die Bandbreite der durchschnittlichen minimalen und maximalen Temperaturen im Monatsverlauf, die während des jeweiligen Monats tiefsten und höchsten gemessenen Einzeltemperaturwerte und die monatsdurchschnittlichen Temperaturen. Die Monatsangaben der Temperaturen ergeben sich aus dem errechneten Monatsdurchschnitt der summierten Tagesdurchschnittstemperaturen. Wissenswert ist, dass in den meisten Ländern der Tagesdurchschnitt aus vier Werten berechnet wird, nämlich der Messung um 7.00, um 14.00 und zwei Mal des Wertes um 21.00 Uhr. Die Summe dieser Werte wird durch die Anzahl der Messwerte, also durch 4 geteilt. Die so gewonnenen Tagesdurchschnittstemperaturen kommen nach MÜLLER (1996) den wahren Tagesdurchschnittstemperaturen am nächsten. Andere Länder, wie die USA oder Marokko, berechnen die Tagesdurchschnittstemperaturen aus der Summe des Tageshöchst- und Tagestiefstwertes, geteilt durch 2.

Die jeweils untere Klimagrafik zeigt jeweils die monatsdurchschnittlichen Werte für Niederschläge in mm sowie die relative Luftfeuchtigkeit in %. Auch diese Monatsdurchschnittswerte ergeben sich aus den jeweiligen Durchschnittswerten der Tagesdurchschnittswerte. Hier sollte man wissen, dass die Niederschlagswerte auf ausführlichen Messreihen basieren und sehr zuverlässig sind. Bei den Luftfeuchtigkeitswerten besteht eine gewisse Ungenauigkeit, da die Klimastationen nicht einheitlich messen bzw. keine Angaben zu den Messungen machen. Einige Stationen messen lediglich morgens, andere bilden den Durchschnitt der Morgen- und Mittagsmessungen, wieder andere bilden jeweils den Durchschnitt der Morgen-, Mittags- und Abendmessungen.

Nachfolgende Skizze zeigt die Standorte der in den Porträts erwähnten Klimastationen.

Klimastationen in alphabetischer Reihenfolge: Brownsville (Texas), USA = 2, Bobo Dioulasso, Burkina Faso = 7, Daru, Papua-Neuguinea = 13, Diégo Suarez, Madagaskar = 9, Guaymas, Mexiko = 1, Houston (Texas), USA = 3, Managua, Nicaragua = 5, Mandalay, Myanmar = 11, Multan, Pakistan = 10, Saigon, Vietnam = 12, Sanaa, Jemen = 8, Vicksburg (Mississippi), USA = 4, Ziguinchor, Senegal = 6

Agakröte

Rhinella marina

(LINNAEUS, 1758)

Familie: *Bufonidae* (Echte Kröten).

Herkunft: Äußerster Süden Texas bis nach Mexiko. Bis nach Florida und Südamerika eingewandert beziehungsweise wie auch in Australien und Teilen Südostasiens durch Aussetzung heimisch geworden.

Größe: 15 cm, maximal 24 cm.

Beschreibung: Die Agakröte kann über ein Kilogramm schwer werden. Sie ist die zweitschwerste Kröte überhaupt. Ihre Körperfärbung ist beigebraun, ihre Unterseite ist hell gefärbt mit dunklen Flecken. Die Haut ist mit Warzen bedeckt. Agakröten haben einen kurzen, breiten Kopf mit Knochenwülsten hinter den Augen. Die Vorder- und Hintergliedmaßen sind kräftig entwickelt.

Verhalten: Die Art ist dämmerungs- und nachtaktiv. In ihren Heimatländern werden die nimmersatten Tiere auf Plantagen zur Schädlingsvertilgung eingesetzt. Die Männchen geben in der Fortpflanzungszeit trillernde Laute von sich. Als Drohgebärde bläht sich das Tier auf und wendet dem Angreifer den Rücken zu.

Zusammensetzung: Nur gleich große Tiere vergesellschaften.

Geschlechtsunterscheidung: Die Männchen bleiben sehr viel kleiner und schlanker. Sie haben eine dunklere Kehlhaut und in der Paarungszeit Brunstschwielen an den Vordergliedmaßen.

Nahrung: Alle drei bis sechs Tage werden große Insekten, Regenwürmer, Schnecken, nestjunge Mäuse und Ratten gefüttert. Nach Gewöhnung wird Futter auch von der wedelnden Pinzette genommen.

Terrarium: Das eher trockene Waldterrarium sollte ein großes Badebecken beinhalten, das bis zu einem Drittel der Grundfläche ausmachen darf. Empfehlenswert sind die im Handel erhältlichen TerraPond Badebecken, die es bis zu 35 x 50 cm Größe gibt. Die Tiefe des Badebeckens darf bis zu 10 cm betragen. In

Bezug auf die Bepflanzung werden Töpfe oder die Positionierung im oberen Terrarienteil empfohlen, da die Tiere stark wühlen. Für das mindestens 10 cm hohe Substrat eignet sich Waldboden oder ein Torf-Sand-Gemisch, das mit Moos abgedeckt ist. Berücksichtigen Sie Versteckmöglichkeiten. Die Terrariengröße sollte bei Haltung von maximal drei Exemplaren eine Grundfläche von 120 x 50 cm aufweisen.

Temperatur: 21-28 °C, nachts 3-5 °C tiefer, Wassertemperatur 18-25 °C.

Luftfeuchtigkeit: 50-70 %.

Beleuchtung: 10-12 Stunden.

Fortpflanzung: Zur Nachzucht sind große Aquarien notwendig. Mit über 30 000 Eiern in einer Fortpflanzungsphase produzieren die Weibchen mehr Eier als jede andere Amphibienart. Die giftigen Eier werden in Schnüren abgelegt.

Bemerkung: Die Agakröte kann bei Gefahr ein giftiges Sekret aus ihren Hinterkopfdrüsen absondern. Dieses Gift kann bei empfindlichen Personen Übelkeit verursachen.

Eignung: Robust und pflegeleicht.

Echte Kröten können sich hervorragend orientieren und finden Plätze, von denen sie sich entfernt haben, immer wieder.

Klimastation Brownsville (Texas), USA *

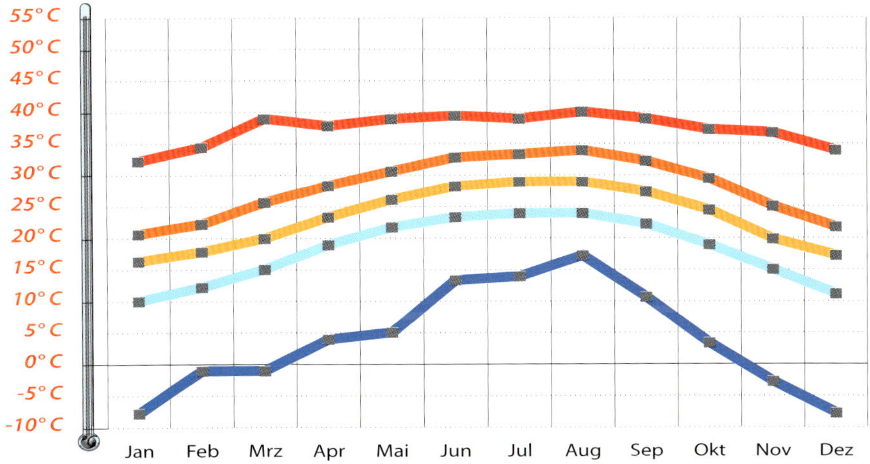

Absolute maximale Temperatur, Durchschnittliche maximale Temperatur, Durchschnittliche Temperatur, Durchschnittliche minimale Temperatur, Absolute minimale Temperatur.

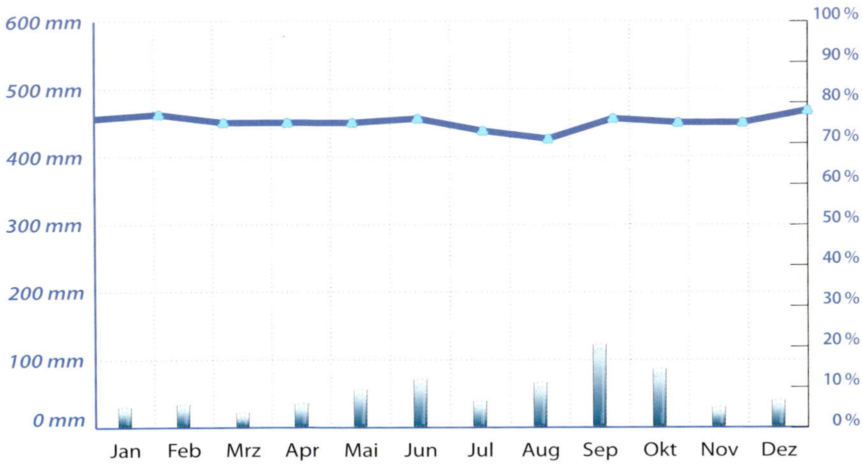

Durchschnittlicher Niederschlag in mm

Durchschnittliche relative Luftfeuchtigkeit in %

* Quelle: Verändert nach MÜLLER, M. (1996): Handbuch ausgewählter Klimastationen der Erde. Universität Trier, Forschungsstelle Bodenerosion.

Blutsaugeragame

Calotes versicolor

(DAUDIN, 1802)

Anderer Name: Verschiedenfarbige Schönechse.

Familie: *Agamidae* (Agamen).

Herkunft: Das riesige Verbreitungsgebiet erstreckt sich vom Iran im Westen über Nepal im Norden, südliches China im Osten über die nördliche malayische Halbinsel bis Sumatra im Süden. Nach HENKEL & SCHMIDT (1997) wurde die Art nach Mauritius eingeschleppt.

Größe: Gesamtlänge standortabhängig bis ca. 45 cm, Kopf-Rumpf-Länge ca. 14 cm.

Beschreibung: Das starke Farbwechselvermögen macht die Art zu beliebten Terrarientieren. Die Grundfärbung des Körpers besteht aus gelbgrauen bis gelbbraunen Tönen, die sich zur Schwanzwurzel hin verdunkeln. Gliedmaßen und Schwanz sind fast schwarz gefärbt. Kehle, Bauch und manchmal auch Flanken färben sich bei Erregung leuchtend rot. Der Kopf ist auffallend gelb gefärbt. Oberhalb der Ohröffnungen befinden sich beidseitig zwei oder mehrere Stacheln. Der Kehlsack der Art ist nur schwach ausgebildet.

Aktivitätszeit: Tagaktiv.

Lebensweise: Baum- und bodenbewohnend.

Verhalten: Nach MANTHEY & SCHUSTER (1992) hält sich die Art in der Natur bevorzugt an einzelnen Bäumen und Büschen in offenem sowie steinigem Gelände auf. In menschlicher Obhut stoßen sich Wildfänge und Männchen in der Paarungszeit häufig die Schnauzen an den Terrarienscheiben auf.

Zusammensetzung: 1,1.

Geschlechtsunterscheidung: Der Rückenkamm reicht bei den Männchen bis zur Schwanzwurzel, Weibchen weisen nur einen Nackenkamm auf.

Nahrung: Grillen, Heimchen, Heuschrecken, Schaben, Zophobas, Wachsmotten.

Terrarium: Bei paarweiser Haltung der platzbedürftigen Art sollte das Terrarium etwa (Länge x Tiefe x Höhe): 130 x 60 x 100 cm groß bemessen sein. Bei Haltung von mehr als einem Weibchen werden pro zusätzlichem Tier 15 % der Grundfläche hinzugerechnet. Für die Einrichtung empfehlen sich künstliche Felsaufbauten und zahlreiche Kletteräste.

Temperatur: 26-30 °C, nachts etwa 20-25 °C, Sonneninseln bis 40 °C.

Luftfeuchtigkeit: 60-70 %.

Beleuchtung: 12-14 Stunden. UV-Bestrahlung ist erforderlich.

Fortpflanzung: Zur Zucht werden Tiere mit gleicher, jahreszeitlich übereinstimmender Fortpflanzungsbereitschaft aus demselben Verbreitungsgebiet gewählt. Das Weibchen verscharrt bis zu 25 etwa 19 mm lange Eier in einer gegrabenen Mulde. Die Zeitigungsdauer bei 22-30 °C beträgt etwa 37-79 Tage.

Bemerkung: Die meisten importierten Wildfänge kommen aus Paktistan oder Vietnam (Hoch, schriftliche Mitteilung). Aufgrund des großen Verbreitungsgebietes können die Klimaansprüche von diesem Porträt abweichen.

Eignung: Auch für wenig erfahrene Terrarianer geeignet.

Blutsaugeragamen weisen eine gelbe Kopffärbung, fast schwarze Gliedmaßen und bei Erregung rot leuchtende Partien an Kehle, Bauch und teilweise den Flanken auf.

Klimastation Multan, Pakistan *

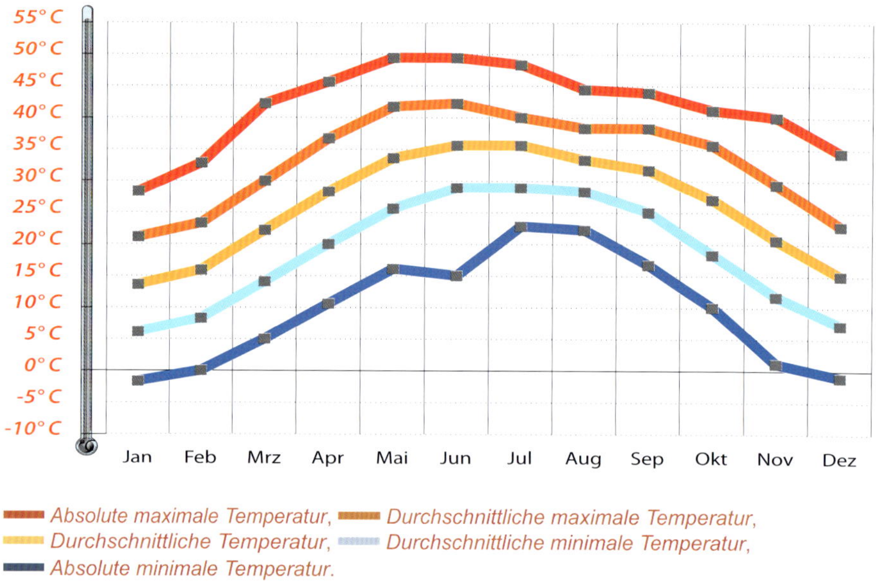

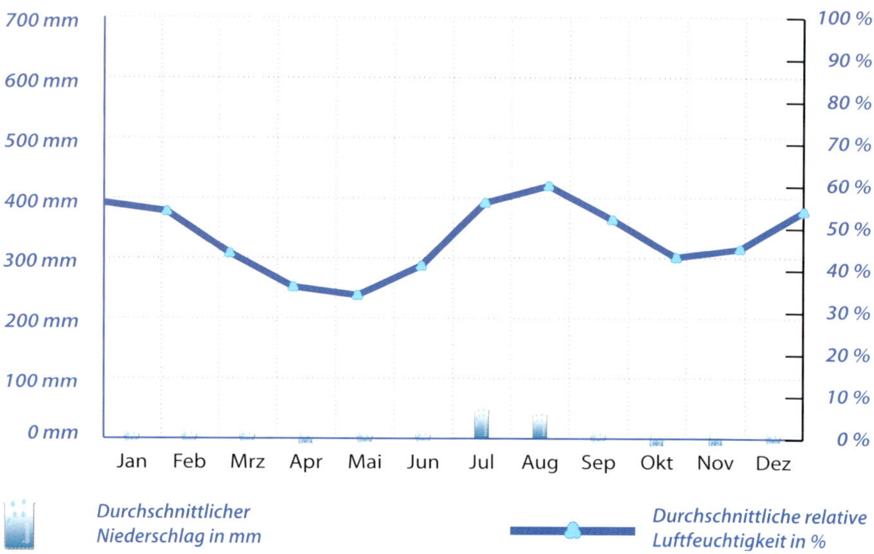

* Quelle: Müller, M. (1996): Handbuch ausgewählter Klimastationen der Erde. Universität Trier, Forschungsstelle Bodenerosion.

Carolina-Dosenschildkröte

Terrapene carolina

(LINNAEUS, 1758)

Familie: *Emydidae* (Sumpfschildkröten der Neuen Welt).

Herkunft: Von den Großen Seen in Südkanada bis zum Golf von Mexiko mit vier Unterarten verbreitet.

Größe: Panzerlänge bis 16 cm.

Beschreibung: Der Rückenpanzer ist halbkugelartig geformt und zeigt einen leichten Kiel in der Mitte. Seine Grundfarbe ist Braun mit gelborangen Flecken und Streifen. Der Bauchpanzer ist durch ein Gelenk am fünften Randschild verschließbar, woher die Art auch ihren Namen hat. Die Marginalschilder sind höckerartig gewölbt. Der Kopf ist hellbraun bis dunkelbraun und je nach Unterart mit gelben Tupfen versehen. Die Schnauze ist papageienartig geformt. Zwischen den Zehen befinden sich rudimentäre Schwimmhäute.

Verhalten: Carolina-Dosenschildkröten sind mehr auf dem Land als im Wasser anzutreffen. Sie verhalten sich aufmerksam und beobachtend. Die Tiere graben gerne.

Zusammensetzung: 1,1 / 1,X. Gruppenhaltung mit mehreren Weibchen ist möglich, allerdings sollte die Verträglichkeit unter Aufsicht getestet werden. *Terrapene carolina*-Männchen sind selbst mit Männchen anderer Arten unverträglich.

Geschlechtsunterscheidung: Die Männchen bleiben etwas kleiner, haben einen längeren und dickeren Schwanz und einen konkaven Bauchpanzer. Die Augeniris der Männchen ist oft rot im Gegensatz zum gelbbraunen Farbton der Weibchen.

Nahrung: Die Art ist allesfressend. Jungtiere ernähren sich von Insekten, Regenwürmern und Schnecken. Mit zunehmendem Alter erhöht sich der Anteil an pflanzlicher Nahrung wie Grünpflanzen, Obst und Beeren. Auch Fischstücke, tote Säuger, Pilze und Wasserschildkröten-Trockenfutter wird ebenfalls angenommen. Regelmäßige Vitaminzugabe ist notwendig.

Terrarium: Während der Sommermonate wird Freilandhaltung empfohlen. Schatten spendende Bepflanzung, Sonnenplätze und ein Schutzhaus, wie für Landschildkröten beschrieben, sind erforderlich. Trink- und Badeschale sind aufzustellen und täglich mit frischem Wasser zu füllen. Im beheizten Halbfeuchtterrarium sollten Versteckmöglichkeiten geschaffen wer-den. Eine größere Wasserschale ist als Badebecken ausreichend, wenn die Tiere hineinpassen. Der Wasserstand sollte etwa 5 cm betragen. Das Wasser muss täglich gewechselt werden, da die Tiere auch daraus trinken. Da die Art gerne gräbt, sollte das Substratgemisch aus Sand, Torf und Erde etwa 20 cm tief sein. Die Länge des Terrariums sollte das Fünffache der Panzerlänge betragen und die Breite die Hälfte der Terrarienlänge.

Temperatur: 24-28 °C, nachts 18 °C, Sonneninseln bis 30 °C, Wassertemperatur 18-22 °C.

Luftfeuchtigkeit: 60-80 %.

Beleuchtung: Bis zu zwölf Stunden. UV-Bestrahlung ist erforderlich. Über dem Landteil sollte für die Sonneninsel ein Spotstrahler angebracht werden.

Winterruhe: Tiere aus dem nördlichen Verbreitungsgebiet graben sich bis zu fünf Monate lang bei 15 °C im lockeren Boden ein.

Fortpflanzung: Einige Wochen nach der Paarung vergräbt das Weibchen bis zu acht Eier im weichen Boden. Sie kann das Sperma aber auch jahrelang speichern. Bei 28-30 °C und 100 % Luftfeuchtigkeit schlüpfen die Jungen nach 50 bis 70 Tagen.

Bemerkung: Aufgrund der Artenschutzbestimmungen ist die Art nicht mehr oft im Handel zu finden.

Eignung: Mit Vorkenntnissen zu pflegen.

Die Art ist eine Alternative zu Landschildkröten, da sie sich fast genauso verhält, aber bei weitem nicht deren Größe erreicht.

Klimastation Houston (Texas), USA *

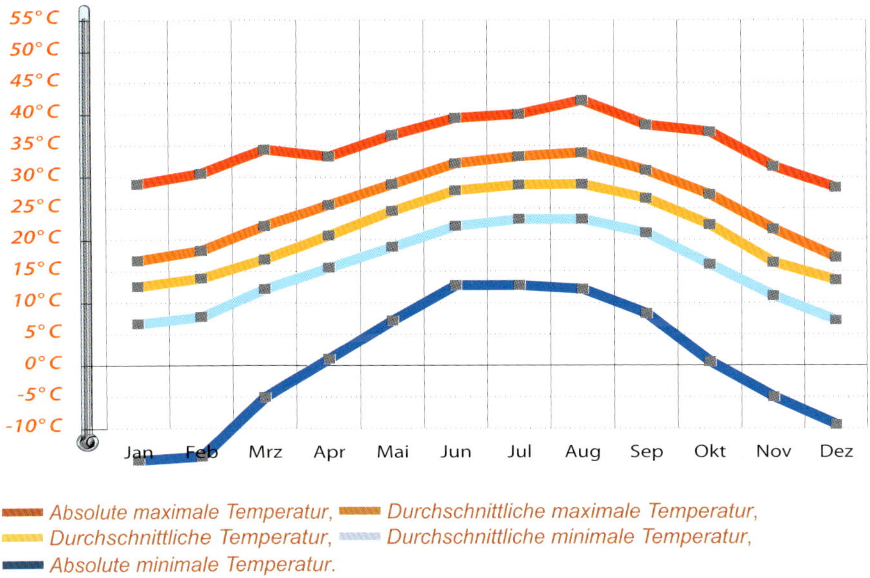

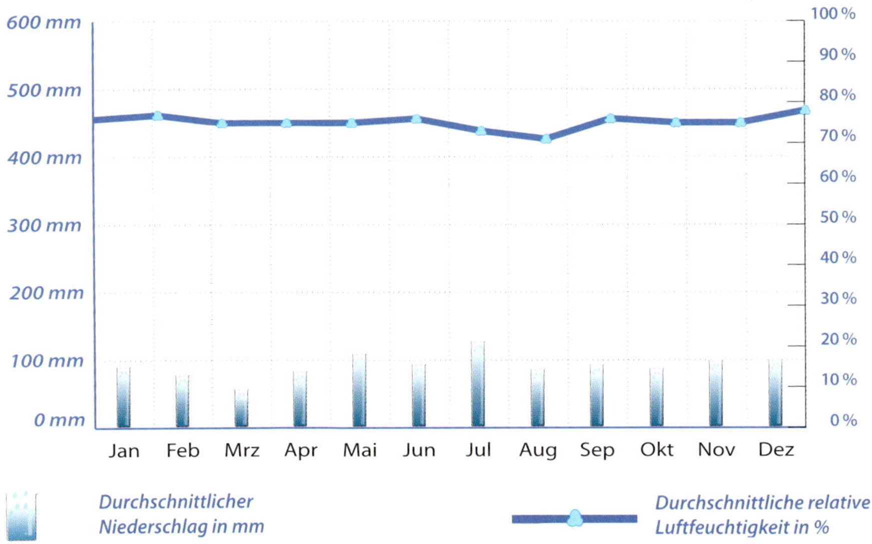

* Quelle: MÜLLER, M. (1996): Handbuch ausgewählter Klimastationen der Erde. Universität Trier, Forschungsstelle Bodenerosion.

Goldstaub-Taggecko

Phelsuma laticauda laticauda

(BOETTGER, 1880)

Familie: *Gekkonidae* (Geckos).

Herkunft: Norden Madagaskars, Komoreninseln Mayotte und Anjouan, Inseln Nosy Bé, Farquhar und Cerf.

Größe: Gesamtlänge bis 14 cm, Kopf-Rumpf-Länge 7-8 cm.

Beschreibung: Die Grundfarbe ist Hellgrün mit zahlreichen goldgelben Punkten im Nackenbereich, denen der Goldstaub-Taggecko seinen deutschen Namen verdankt. Drei einzelne orangerote Flecken finden sich auf dem Rücken. Die Unterseite ist weißlich bis cremefarben. Der Schwanz ist recht breit und goldgelb gefärbt. Die Zehen verdicken sich zur Spitze hin und besitzen Haftlamellen an der Unterseite.

Aktivitätszeit: Tagaktiv.

Lebensweise: Baumbewohnend.

Verhalten: Der Goldstaub-Taggecko bewohnt in der Natur Bananenstauden, Palmen sowie Mauern und ist selbst in Häusern zu finden.

Zusammensetzung: 1,1. Es empfiehlt sich, Goldstaub-Taggeckos ausschließlich paarweise zu halten. Beide Tiere sollten gleich groß sein und, wenn sie harmonieren, nicht mehr getrennt werden. Bei der Vergesellschaftung mit anderen Arten ist zu beachten, dass *Phelsuma laticauda* Männchen auch fast alle grünen Echsen bekämpfen.

Geschlechtsunterscheidung: Ab einem Alter von neun bis zehn Monaten sind die Geschlechter unterscheidbar. Die Männchen haben eine kräftigere Statur, einen dickeren Kopf und gut sichtbare Präanofemoralporen oberhalb der Kloake.

Nahrung: Zweimal pro Woche werden Grillen, Heimchen, Schaben oder Heuschrecken gefüttert. Einmal pro Woche wird Obstbrei angeboten. Bananen sollten nicht zu häufig gegeben werden, da die enthaltene Stärke als „Fettmacher" gilt. Futtertiere müssen mit Vitaminen und Mineralstoffen bepudert werden. Besonders die Weibchen brauchen ausreichend Kalzium, damit sich die hartschaligen Eier entwickeln können. Ihnen sollte immer zerkleinerte Sepiaschale oder Taubengrit angeboten werden. Wassertropfen werden nach Besprühen des Terrariums aufgeleckt.

Terrarium: Das beheizte Halbfeuchtterrarium sollte mit feuchtigkeitsspeicherndem Substrat ausgestattet sein. Eine geeignete Dekoration besteht aus glattblättrigen Pflanzen, glatten Kletterästen wie Bambus und Versteckmöglichkeiten. Als Häutungshilfe können Weinreben oder Korktronchos eingesetzt werden. Die Terrariengröße sollte auf die Kopf-Rumpf-Länge bezogen im Verhältnis (Länge x Tiefe x Höhe): 6 x 6 x 8 bemessen sein.

Temperatur: 25-28 °C, nachts 20-23 °C, Sonneninseln bis 35 °C.

Luftfeuchtigkeit: 50-60 %.

Beleuchtung: 10-12 Stunden. UV-Bestrahlung ist erforderlich.

Fortpflanzung: Die Weibchen legen etwa 30 Tage nach der Paarung zwei hartschalige Eier. Das letzte, noch weiche Ei wird dabei mit dem ersten, schon etwas ausgehärteten, verklebt. Die Jungen schlüpfen bei 26 °C nach etwa 50, bei 28 °C etwa nach 40 bis 45 Tagen. Jungtiere müssen wegen innerartlicher Aggression bereits früh getrennt werden.

Bemerkung: Während die Zucht relativ leicht gelingt, ist die Aufzucht etwas schwieriger. Werden Nachzuchten zu warm gehalten, schwächeln sie leicht und bleiben ewige Kümmerlinge.

Eignung: Auch für wenig erfahrene Terrarianer geeignet.

Literatur: KRAUSE, P. (2004): Der Goldstaub-Taggecko. Natur und Tier - Verlag, Münster.

Der wissenschaftliche Name setzt sich aus den lateinischen Wörten „lati" für breit und „cauda" für Schwanz zusammen. Der deutsche Name resultiert aus der goldgelben Nackenbeschuppung.

Klimastation Diégo Suarez, Madagaskar *

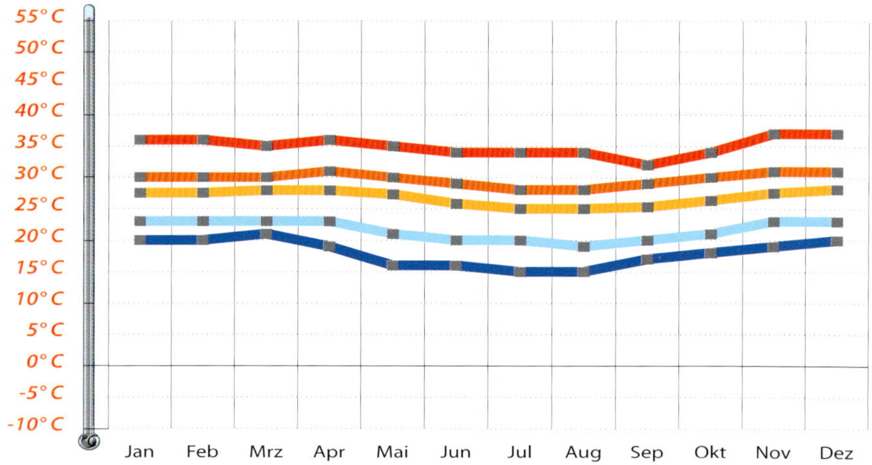

Absolute maximale Temperatur, Durchschnittliche maximale Temperatur, Durchschnittliche Temperatur, Durchschnittliche minimale Temperatur, Absolute minimale Temperatur.

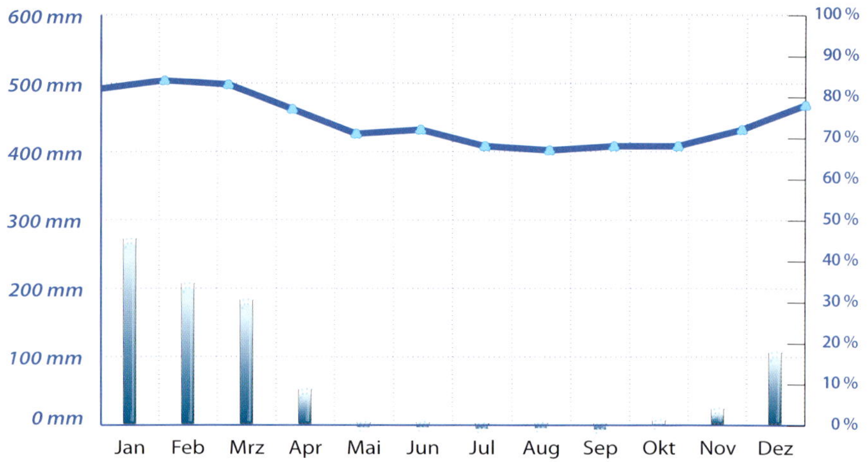

Durchschnittlicher Niederschlag in mm

Durchschnittliche relative Luftfeuchtigkeit in %

* Quelle: MÜLLER, M. (1996): Handbuch ausgewählter Klimastationen der Erde. Universität Trier, Forschungsstelle Bodenerosion.

Jemenchamäleon

Chamaeleo calyptratus

(Duméril, 1851)

Familie: *Chamaeleonidae* (Chamäleons).
Herkunft: Subtropische Gebiete im Jemen und im Süden Saudi-Arabiens.
Größe: Gesamtlänge beim Männchen bis 60 cm, Kopf-Rumpf-Länge 25 cm.
Beschreibung: Das Jemenchamäleon gehört zu den größeren und besonders farbenprächtigen Vertretern seiner Familie. Im Normalzustand ist die Grundfarbe Türkisgrün mit weißen, grauen, gelben, orangen und braunen Farbabstufungen. Die Farbmuster adulter Männchen sind jedoch sehr variabel. Typisch sind die drei bis fünf gelblichen Querstreifen.
Aktivitätszeit: Tagaktiv.
Lebensweise: Baumbewohnend.
Verhalten: Die Tiere leben auf Zweigen in 1-3 m Höhe, bevorzugt auf Akazienbäumen. Beutetiere werden durch das Hervorschnellen der äußerst langen Zunge erbeutet. In Gefangenschaft werden Chamäleons recht zahm.
Zusammensetzung: 1,0 / 0,1 / 0,X. Die Haltung eines Paares klappt dauerhaft höchstens in 10 % der Fälle, so dass die Tiere getrennt gehalten werden sollten. Eine Vergesellschaftung mit anderen Arten wird nicht empfohlen, da selbst Geckos und Echsen mit Begeisterung gefressen werden.
Geschlechtsunterscheidung: Frisch geschlüpfte Männchen kann man bereits an den Fersenspornen von den Weibchen unterscheiden. Deutliches Merkmal ist auch der bis zu 8 cm hohe Helm der Männchen. Weibchen bleiben insgesamt kleiner.
Nahrung: Adulte Tiere werden jeden zweiten bis dritten Tag mit lebenden Grillen, Heimchen, Schaben, Heuschrecken oder nestjungen Säugern gefüttert. Jungtiere und trächtige Weibchen fressen mehr als adulte Männchen. Das Futter bepudert man mit Vitaminen und Mineralstoffen. Zur Wasserversorgung der Tiere wird das Terrarium einmal täglich besprüht. Eine Tropftränke ist sehr empfehlenswert. Tieren ab 20 cm Größe sollten Sie sonst mindestens einmal pro Woche mit der Pipette Wasser verabreichen. Fast alle Jemenchamäleons fressen gerne Blätter, vor allem sukkulente Arten wie Kalanchoe, Epipremnum und Ficus.
Terrarium: Die Art wird im beheizten Halbfeuchtterrarium gehalten. Ideal ist die Gestaltung mit zahlreichen horizontalen Kletterästen. Während die Tiere relativ dünne Äste gut mit den Zehen umfassen können, fördern dickere Äste die Abnutzung der Krallen. Eine Bepflanzung ist empfehlenswert. Das

Terrarium sollte mit großen Lüftungsflächen ausgestattet sein. Die Terrariengröße sollte auf die Kopf-Rumpf-Länge bezogen im Verhältnis (Länge x Tiefe x Höhe): 5 x 3 x 8 bemessen sein. Bei Haltung eines Paares zur Zucht sind 20 % mehr Grundfläche erforderlich.

Temperatur: 28-32 °C, nachts 18-25 °C, Sonneninseln bis 35 °C.

Luftfeuchtigkeit: 50-70 %, von April bis September durch häufigeres Sprühen die Regenzeit nachempfinden.

Beleuchtung: 12-14 Stunden. UV-Bestrahlung ist erforderlich.

Fortpflanzung: Das Weibchen legt drei bis vier Wochen nach der Paarung 20 bis 80 Eier in eine gegrabene Erdröhre. Bis zum Schlupf brauchen die Jungen bei einer Zeitigungstemperatur von 28-30 °C 165 bis 210 Tage. Die Aufzucht der Jungtiere erfolgt bei Temperaturen bis maximal 25 °C.

Bemerkung: Bei Wassermangel kommt es zu Nahrungsverweigerung.

Eignung: Für den Einstieg in die Chamäleonhaltung geeignetste Art.

Literatur: ESSER, S. & O. DREWES (2009): Das Jemenchamäleon. VIVARIA Verlag, Meckenheim..

Der sprichwörtliche Farbwechsel des Chamäleons ist bekannt. Jedoch passen sich die Tiere nicht dem Untergrund an, sondern spiegeln mit der Färbung ihre momentane Stimmung wider.

Klimastation Sanaa, Jemen *

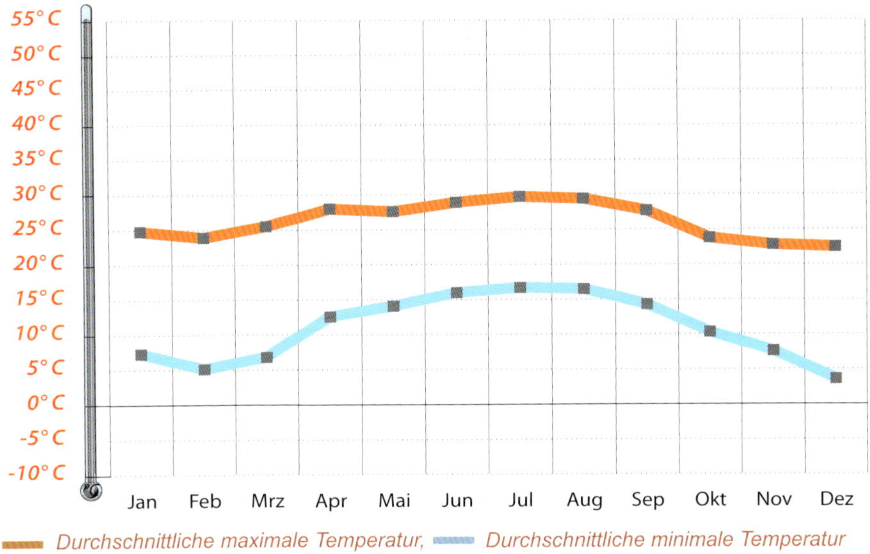

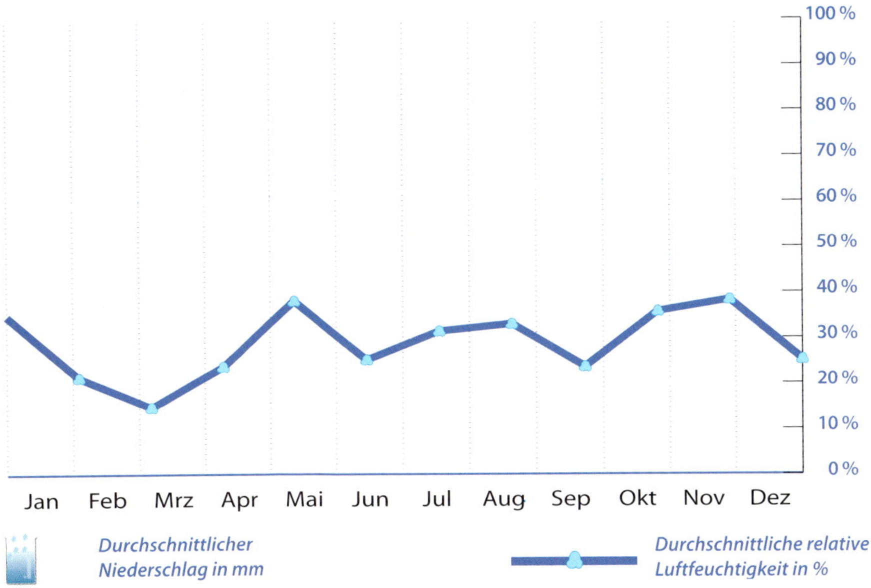

* Quelle: Quelle: http://www.tutiempo.net/en/Climate/Yemen/YE.html

Kaiserskorpion

Pandinus imperator

(KOCH, 1842)

Familie: *Skorpionidae.*

Anderer Name: Großer Waldskorpion.

Herkunft: Wälder und feuchte Savannen Mauretaniens bis Zaires.

Größe: 15 cm, selten bis 20 cm.

Beschreibung: Der Kaiserskorpion gehört zu den größten Skorpionen und kann bis zu 30 Gramm wiegen. Sein Körper glänzt lackschwarz und schimmert je nach Beleuchtung metallisch blau bis grün. Der Körper ist massiv und bei trächtigen, gut genährten Weibchen relativ breit. Auch die Scherenhände sind sehr groß und breit. Die Oberflächen der Scherenhände sind gekörnt und können leicht grünlich schimmern. Das Postabdomen ist sehr kräftig und mit einem bis zu erbsengroßen, rotbraun gefärbten Skorpionstachel ausgestattet. Besonders adulte Tiere sind stechfaul und verteidigen sich eher mit ihren kräftigen Scheren.

Verhalten: Die Art bewohnt in tropischen Regenwäldern und in trockenen Gebieten Flächen unter umgestürzten Bäumen. Die Tiere übernehmen als Behausung ebenerdige Lüftungsschächte von Termitenbauten oder graben selbst bis zu 30 cm tiefe Gänge. Sie sind sehr friedlich. In Gruppen von vier bis fünf Tieren kommt es bei Gewöhnung und ausreichender Fütterung nur selten zu Kannibalismus.

Zusammensetzung: 1,0 / 0,1.

Geschlechtsunterscheidung: Die Männchen bleiben etwas kleiner. Ihre Scherenhände sind schmaler ausgeprägt als beim Weibchen.

Nahrung: Je nach Größe werden die Tiere etwa alle drei Wochen mit Grillen, Heimchen, Heuschrecken, Käfern, Zophobas-Larven oder nestjungen Mäusen gefüttert.

Terrarium: Als Substrat empfiehlt sich ein 5-15 cm hohes Gemisch aus Sand und Erde oder Walderde, abgedeckt mit Laub und Moosstücken. Man sollte die untere Substratschicht leicht feucht halten, aber Staunässe vermeiden. Versteckmöglichkeiten sollten genauso wenig fehlen wie eine flache Wasserschale. Für die Haltung einzelner Tiere ist eine Terrariengröße von 60 x 30 x 30 cm geeignet.

Temperatur: 25-28 °C, nachts 20-24 °C, Sonneninseln bis 30 °C.

Luftfeuchtigkeit: 50-70 %, von Mai bis Oktober sollte die Regenzeit durch tägliches Sprühen simuliert werden.

Beleuchtung: 8-10 Stunden.

Winterruhe: Nicht nötig, dem Herkunftsklima gemäß kann aber von Mitte Juni bis Mitte August die Temperatur acht Wochen lang um etwa 3 °C gesenkt werden.

Fortpflanzung: Nach stundenlangem Paarungstanz heftet das Männchen die Samenkapsel, deren Spermien für mehrere, auch Monate auseinander liegende Befruchtungen ausreichen, an einer ebenen Stelle, zum Beispiel einem glatten Stein, an. Das Weibchen ergreift die Samenkapseln mit den Genitalien und nimmt sie in sich auf. Nach maximal 14 Monaten bringt es dann bis zu 30 Junge zur Welt. Diese klettern selbständig oder mit mütterlicher Hilfe auf deren Rücken. Sie werden von der Mutter bis zur ersten Häutung nach etwa zwei Wochen herumgetragen, aber auch anschließend noch bis zur dritten Häutung mit Nahrung versorgt.

Bemerkung: Das Gift der Pandinus-Arten zählt zu den gering giftigen, so dass der Stich nur kurzzeitig schmerzt und nicht gefährlicher ist als ein Wespenstich.

Eignung: Diese Art ist für die erstmalige Haltung von Skorpionen am ehesten zu empfehlen.

Skorpion-Weibchen tragen ihre Jungen bis zur Selbständigkeit auf dem Rücken.

Klimastation Bobo Dioulasso, Burkina Faso *

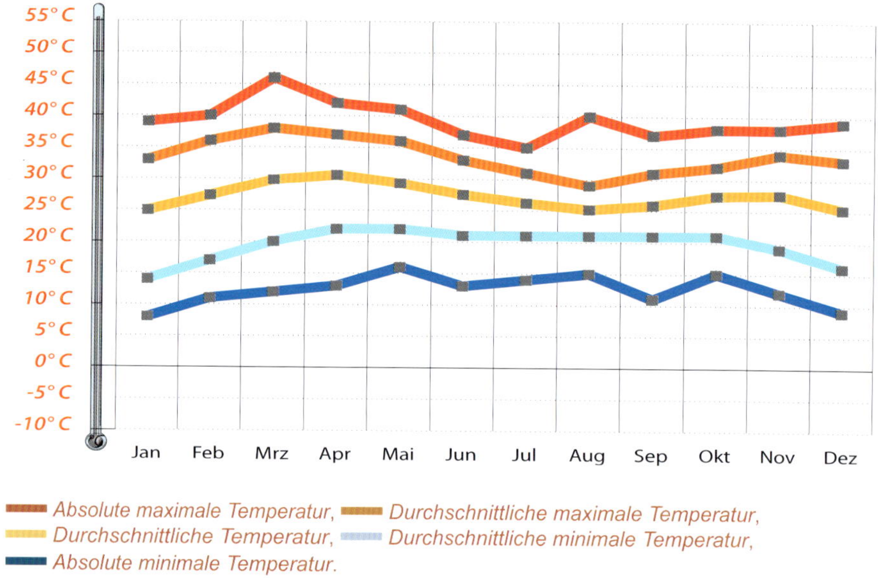

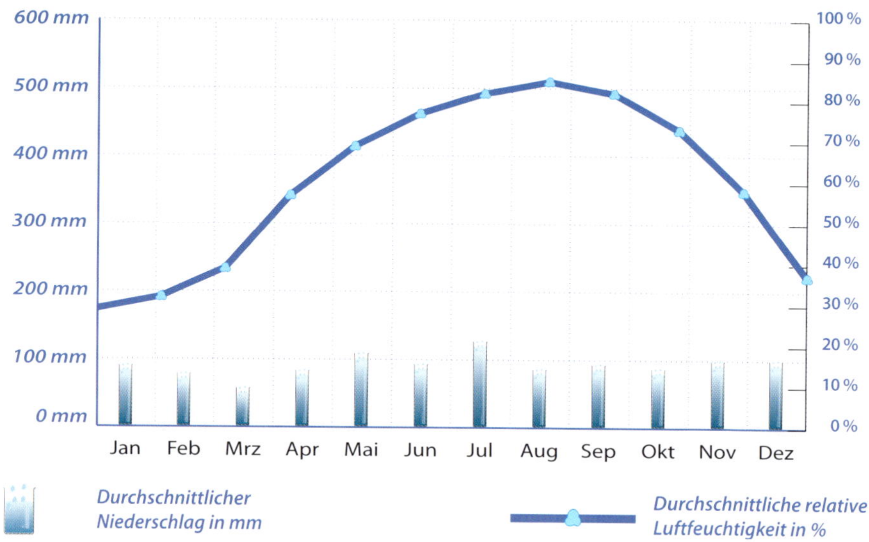

* Quelle: MÜLLER, M. (1996): Handbuch ausgewählter Klimastationen der Erde. Universität Trier, Forschungsstelle Bodenerosion.

Königspython

Python regius
(SHAW, 1802)

Familie: *Boidae* (Riesenschlangen).
Anderer Name: Ballschlange.
Herkunft: Savannen, Wälder und bis in die Randzone der Regenwälder West- bis teilweise Zentralafrikas.
Größe: Gesamtlänge bis 160 cm, selten bis zu 200 cm.
Beschreibung: Die Grundfärbung ist sandfarben bis gelblich. Großflächige schwarze und feine helle Flecke überziehen den Körper und können zu einem Muster verschmelzen. Die Zeichnung ist bei jedem Tier individuell. Die Unterseite weist keine Zeichnung auf und ist weiß bis gräulich. Inzwischen gibt es eine große Anzahl an unterschiedlichen Farbvarianten.
Verhalten: Der Königspython ist vorwiegend dämmerungs- und nachtaktiv. Ihrer Eigenart, sich bei Gefahr wie ein Ball zusammenzurollen, verdankt die Schlange ihren zweiten Namen. Im Terrarium wird dieses Verhalten jedoch schnell abgelegt. Die Art gilt als sehr friedfertig und geduldig.
Zusammensetzung: 1,1 / 1,X.
Geschlechtsunterscheidung: Beim Sondieren dringt man beim Männchen zehn, beim Weibchen nur drei Schuppen tief ein.
Nahrung: Die Nahrung besteht aus Mäusen, Ratten und Küken. Gern werden Wüstenrenn- und Springmäuse verzehrt.
Terrarium: Das Halbfeuchtterrarium wird mit starken, schräg aufgestellten Kletterästen dekoriert. Versteckmöglichkeiten sollten vorhanden sein. Unbedingt sollten trockene Ruheplätze angeboten werden. Das Badebecken sollte so groß sein, dass die Tiere auch Platz darin finden. Der Bodengrund sollte mäßig feucht, aber nicht nass sein. Die Terrariengröße sollte auf die Gesamtlänge bezogen für die Haltung eines Paares im Verhältnis (Länge x Breite x Höhe): 1,0 x 0,5 x 0,75 bemessen sein. Bei Haltung eines dritten Tieres sind 20 % des Volumens hinzuzurechnen.
Temperatur: 24-30 °C, nachts 5 °C kühler, im Wasser 25 °C, Sonneninseln 34-38 °C.
Luftfeuchtigkeit: 60-80 %.
Beleuchtung: Bis zu zwölf Stunden. Ein Beleuchtungsmittel mit UV-Anteil empfiehlt sich. Zur Schaffung der benötigten Sonneninsel sollte zusätzlich mindestens ein Spotstrahler eingesetzt werden.
Sommerruhe: Im Sommer wird die Temperatur einige Wochen lang auf

20 °C reduziert; zudem wird täglich weniger intensiv gesprüht.

Fortpflanzung: Ungefähr vier Monate nach der Paarung werden von den Weibchen sechs bis acht relativ große und oft miteinander verklebte Eier gelegt, bebrütet und bei 30 °C nach zwei bis drei Monaten zum Schlupf gebracht.

Bemerkung: Besonders Wildfänge sind sehr nahrungsspezialisiert, was bei konsequenter Nahrungsverweigerung eine Zwangsfütterung unumgänglich macht. Zuvor sollten jedoch versuchsweise Gerbils, auch Mongolische Rennmäuse genannt, angeboten werden, die oft als einzige Nahrung angenommen werden. Nachzuchten sind nicht ganz so problematisch, aber auf Grund günstiger Importpreise von Wildfängen und Farmzuchten aus Afrika besteht kaum Anreiz zur Nachzucht.

Eignung: Zumindest bei Wildfängen ist die Haltung erfahrenen Spezialisten vorbehalten.

Literatur: BONKE, R. (2009): Der Königspython. Natur und Tier - Verlag, Münster.

Königspythons, hier eine eher seltene Albino, haben den Zweitnamen Ballschlange, weil sie sich wie abgebildet zusammenrollen, wenn sie Gefahr befürchten.

Python regius, hier die Farbvariante cinnamon, werden in der Regel bis zu 160 cm groß. Die Zeichnung ist bei jedem Tier individuell.

Klimastation Ziguinchor, Senegal *

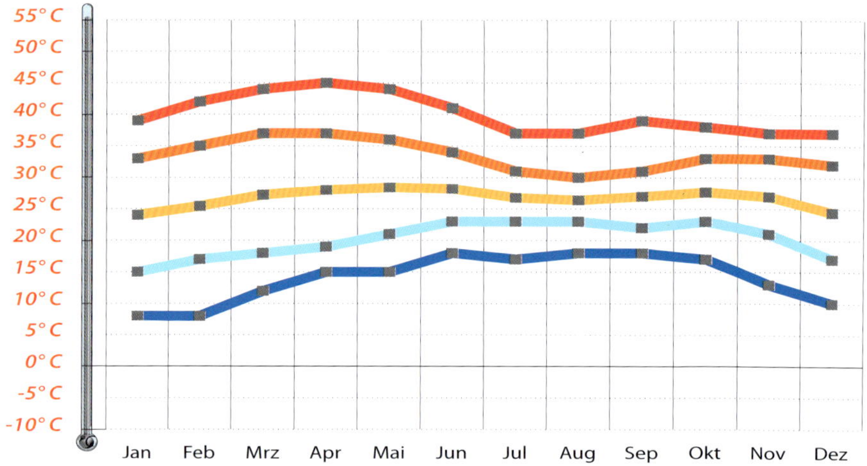

Absolute maximale Temperatur, Durchschnittliche maximale Temperatur, Durchschnittliche Temperatur, Durchschnittliche minimale Temperatur, Absolute minimale Temperatur.

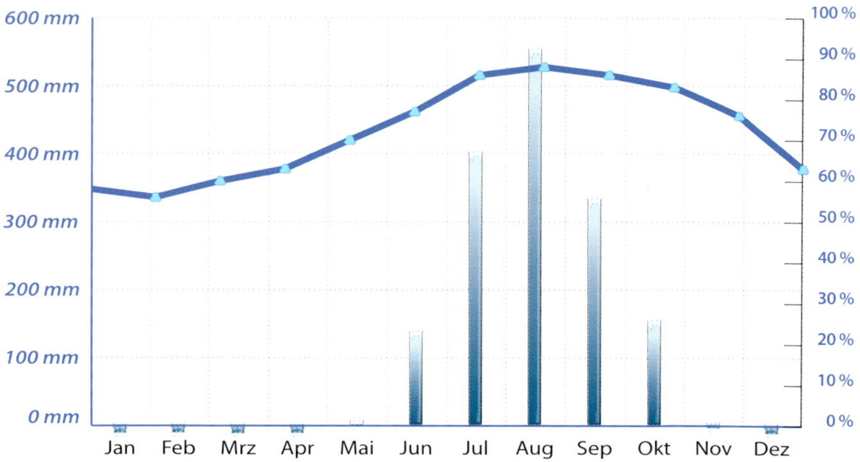

Durchschnittlicher Niederschlag in mm

Durchschnittliche relative Luftfeuchtigkeit in %

* Quelle: MÜLLER, M. (1996): Handbuch ausgewählter Klimastationen der Erde. Universität Trier, Forschungsstelle Bodenerosion.

Malachit-Stachelleguan

Sceloporus malachiticus malachiticus

(COPE, 1864)

Familie: *Iguanidae* (Leguane).
Anderer Name: Malachitgrüner Stachelleguan, Grüner Stachelleguan, Mittelamerikanischer Zaunleguan.
Familie: *Iguanidae* (Leguane).
Herkunft: Südmexiko bis Panama.
Größe: Gesamtlänge 20 cm, Kopf-Rumpf-Länge 8 cm.
Beschreibung: Im Gegensatz zu den unscheinbar grün-bräunlichen Weibchen sind die Männchen der Art prächtig gelbgrün bis malachitgrün gefärbt. Die großen Schuppen auf dem Rücken sind dornartig geschindelt. Der vom Rumpf deutlich abgesetzte Kopf ist dunkler als der Körper und eher grünbraun gefärbt. Auch der Schwanz ist dunkler und eher türkisblau. Die Gliedmaßen sind kräftig entwickelt. Die Zehen, vor allem an den hinteren Gliedmaßen, sind sehr lang. Vor den Vordergliedmaßen befindliche blauschwarze Flecken bilden einen Kehlfleck. Während der Paarungszeit ist die Kehle dunkelblau.
Aktivitätszeit: Tagaktiv.
Lebensweise: Überwiegend bodenbewohnend.
Verhalten: In ihrem Lebensraum in Bergwäldern bis auf 2000 m Höhe findet man die bodenbewohnenden Tiere oft an Baumstämmen.
Zusammensetzung: 1,1 / 1,X.
Geschlechtsunterscheidung: Die Männchen sind farbenprächtiger, etwas größer, haben einen breiteren Kopf und eine verdickte Schwanzwurzel.
Nahrung: Angenommen werden Heimchen, Schaben, Grillen, Heuschrecken, Wachsmotten und deren Maden, nestjunge Säuger sowie hin und wieder Blüten und Früchte.
Terrarium: Die Art wird im Waldterrarium mit Kletterästen und bekletterbarer Rückwand gepflegt. Am Boden sollten Versteckmöglichkeiten unter Korkstücken oder Steinplatten vorhanden sein. Den Bodengrund aus sandiger Erde hält man trocken und in einem Teil leicht feucht. Die Terrariengröße sollte für die Haltung eines Paares auf die Kopf-Rumpf-Länge bezogen mindestens im Verhältnis (Länge x Tiefe x Höhe): 12 x 6 x 10 bemessen sein. Bei Haltung von mehr als einem Weibchen sollten pro zusätzlichem Tier 15 % mehr Grundfläche hinzugerechnet werden. Achtet man auf ausreichende Feuchtigkeit, ist während der Sommer-

monate auch die Haltung im Freilandterrarium möglich.

Temperatur: 25-30 °C, nachts 18-20 °C, Sonneninseln bis 35 °C.

Luftfeuchtigkeit: 50-80 %.

Beleuchtung: Bis zu 14 Stunden helle Beleuchtung. UV-Bestrahlung ist erforderlich.

Winterruhe: 4-6 Wochen Winterruhe bei 10-15 °C stimulieren die Fortpflanzungsbereitschaft.

Fortpflanzung: Die Weibchen bringen ovovivipar, zu Deutsch lebendgebärend, bis zu fünf Junge zur Welt, die ungefähr 6 cm messen.

Bemerkung: Ihrem Lebensraum entsprechend muss die Art wesentlich feuchter als andere *Sceloporus*-Arten gehalten werden. Es sind drei Unterarten bekannt.

Eignung: Mit Vorkenntnissen zu pflegen.

Bei den drei bekannten Unterarten von *Sceloporus malachiticus* reichen die Farben der Männchen von Malachit- bis Gelbgrün. Der Schwanz ist meist türkisblau gefärbt.

Klimastation Managua, Nicaragua *

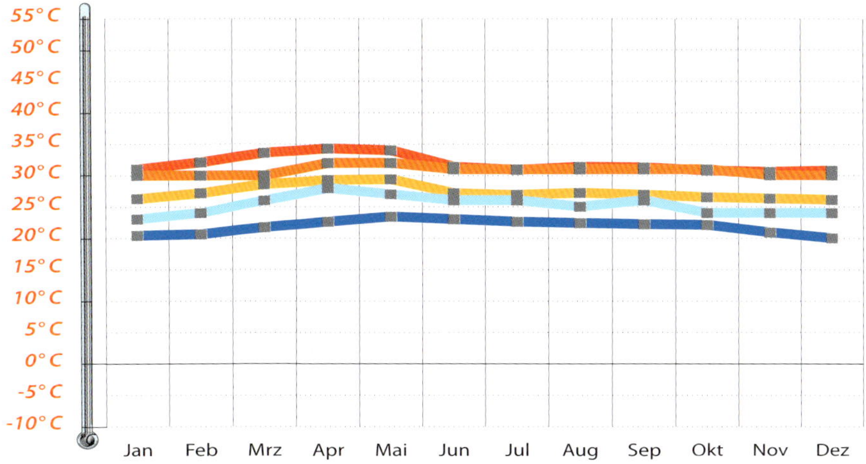

Absolute maximale Temperatur, Durchschnittliche maximale Temperatur, Durchschnittliche Temperatur, Durchschnittliche minimale Temperatur, Absolute minimale Temperatur.

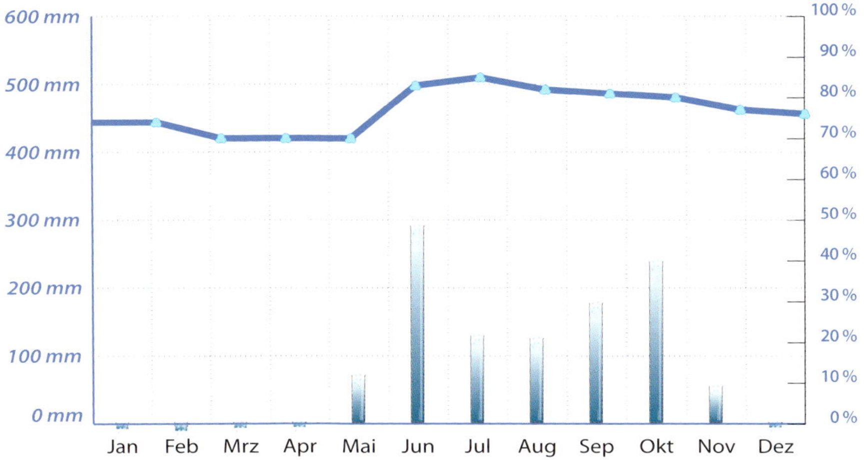

Durchschnittlicher Niederschlag in mm

Durchschnittliche relative Luftfeuchtigkeit in %

* Quelle: MÜLLER, M. (1996): Handbuch ausgewählter Klimastationen der Erde. Universität Trier, Forschungsstelle Bodenerosion.

Östliche Strumpfbandnatter

Thamnophis sirtalis sirtalis
(LINNAEUS, 1766)

Familie: *Colubridae* (Nattern).
Herkunft: Von Ontario im Norden, über Iowa im Westen, der Atlantikküste im Osten und die Golfküste Floridas im Süden.
Größe: Gesamtlänge bis 120 cm, Männchen wesentlich kleiner.
Beschreibung: Vom schlanken Körper setzt sich der Kopf nur leicht ab. Ihre Pupillen sind rund. Die Grundfarbe ist Dunkelgrün, Braun bis Schwarz. Erkennungsmerkmale sind eine helle Rückenlinie und zwei Seitenstreifen. Zwischen den Streifen können sich Fleckenmuster befinden.
Verhalten: Die Nattern leben in der Nähe von Gewässern, egal ob fließend oder stehend. Sie sind tagaktiv, baden und sonnen sich gerne. Bei der Haltung brauchen sie viel Ruhe und verhalten sich recht scheu. Bei Stress können sie ein übel riechendes Sekret absondern oder beißen.
Zusammensetzung: Gruppenhaltung ist möglich, da die Tiere untereinander gut verträglich sind.
Geschlechtsunterscheidung: Die Männchen bleiben wesentlich kleiner und haben einen schlankeren Körper. Beim Sondieren dringt man beim Männchen vier bis sechs, beim Weibchen nur ein bis zwei Schuppen tief ein.
Nahrung: Die Fütterung mit Fischen oder nestjungen Mäusen erfolgt ein- bis zweimal wöchentlich. In der Natur ernährt sich die Art auch von Regenwürmern, Schnecken, Amphibien und sogar jungen Vögeln.
Terrarium: Das nicht zu feuchte Terrarium sollte ein großes Badebecken beinhalten oder 1/3 Wasserteil aufweisen. Die Terrariengröße sollte auf die Gesamtlänge bezogen für die Haltung eines Einzeltieres oder Paares im Verhältnis (Länge x Breite x Höhe): 1,25 x 0,75 x 0,5 bemessen sein. Ab Pflege eines dritten Tieres sind 20 % mehr Volumen hinzuzurechnen.
Temperatur: 25-28 °C, nachts 18 °C, Sonneninseln bis 30 °C, Wasser 25 °C.
Luftfeuchtigkeit: 50-70 %.
Beleuchtung: Bis zu zwölf Stunden. Ein Beleuchtungsmittel mit UV-Anteil empfiehlt sich.
Winterruhe: Gewähren Sie eine dreimonatige Winterruhe bei 10-15 °C.
Fortpflanzung: Die Art ist ovovivipar. Drei Monate nach der Paarung kommen zehn bis 40 Junge zur Welt.
Bemerkung: Diese Art zwängt sich durch die kleinsten Terrarienritzen und sucht sich den Weg in die Freiheit.
Eignung: Auch für wenig erfahrene Terrarianer geeignet.

Thamnophis sirtalis sirtalis sind wie alle elf Unterarten tagaktiv, baden und sonnen sich gerne. Im Terrarium sind sie weit besser zu beobachten als dämmerungsaktive Kornnattern.

Das Verbreitungsgebiet der besonders schön gezeichneten Unterart *Thamnophis sirtalis tetrataenia* beschränkt sich auf die San Francisco Halbinsel, vornehmlich San Mateo County.

Klimastation Vicksburg (Mississippi), USA *

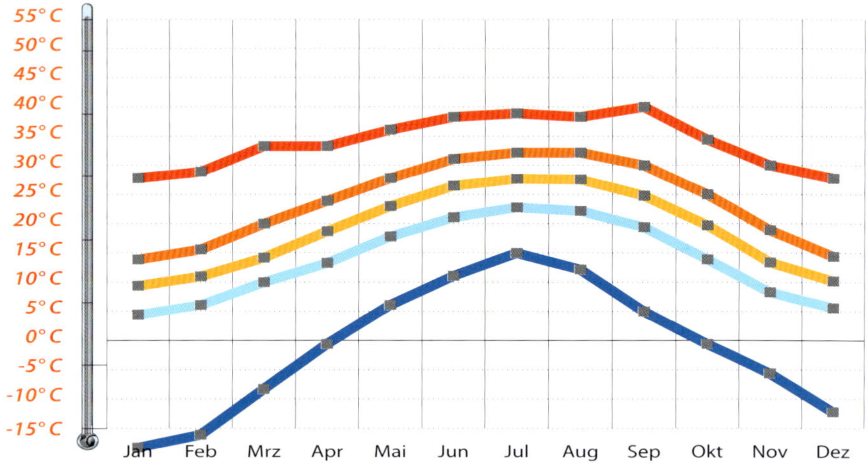

Absolute maximale Temperatur, Durchschnittliche maximale Temperatur, Durchschnittliche Temperatur, Durchschnittliche minimale Temperatur, Absolute minimale Temperatur.

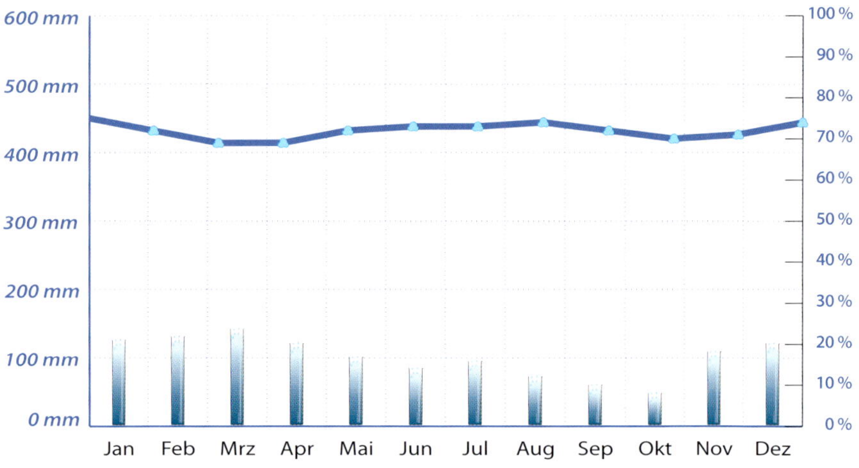

Durchschnittlicher Niederschlag in mm

Durchschnittliche relative Luftfeuchtigkeit in %

* Quelle: Verändert nach Müller, M. (1996): Handbuch ausgewählter Klimastationen der Erde. Universität Trier, Forschungsstelle Bodenerosion.

Rote Königsnatter

Lampropeltis triangulum sinaoloae

(LACÉPÈDE, 1789)

Anderer Name: Milchschlange, Dreiecksnatter.

Familie: *Colubridae* (Nattern).

Herkunft: Heimat der *Lampropeltis triangulum sinaoloae* ist das Tiefland und Vorgebirge der Sierra Madre im Westen Mexikos. Insgesamt besiedeln die 25 bekannten Unterarten von *Lampropeltis triangulum* die unterschiedlichsten Lebensräume vom trockenen Buschland bis zum tropischen Regenwald, vom Süden Kanadas bis zum Norden Südamerikas.

Größe: *Lampropeltis triangulum sinaoloae* erreicht eine Größe von bis zu 120 cm. Andere Unterarten werden zwischen 60 cm (zum Beispiel *Lampropeltis triangulum elapsoides*) und 200 cm groß.

Beschreibung: Die rote Königsnatter ist ein auffällig attraktiv gemustertes Tier, dessen Muster an eine Giftschlange der Gattung *Micrurus* erinnert, wobei die Rote Königsnatter selbst harmlos ist. Die Grundfarbe ist ein kräftiges Rot, das durch schwarz-weiß-schwarze Ringe unterbrochen wird. Das erste Ringmuster fängt am Kopf an, der schwarz ist. Der Kopf ist länglich und setzt sich kaum vom übrigen Körper ab.

Verhalten: Die friedlichen Tiere sind dämmerungs- und nachtaktiv.

Zusammensetzung: 1,X / X,X. Die Pflege mehrerer Exemplare ist nur bei gleicher Größe möglich, da die Art kannibalisch veranlagt ist.

Geschlechtsunterscheidung: Beim Sondieren dringt man beim Männchen sieben bis zehn, beim Weibchen nur ein bis zwei Schuppen tief ein.

Nahrung: Werden mehrere Tiere gepflegt, beispielsweise zu Zuchtzwecken, sollten diese zur Fütterung unbedingt einzeln gesetzt werden. Je nach Größe jede Woche oder alle zwei Wochen mit ein bis drei Mäusen oder nestjungen Ratten füttern.

Terrarium: Im bepflanzten Halbfeuchtterrarium sollten Kletteräste und Versteckmöglichkeiten vorhanden sein. Die Ausstattung mit einem Trinkwasserbecken ist lebensnotwendig. Es kann ein Substratgemisch, etwa aus Walderde und Torf, verwendet werden, das Substrat ist aber von untergeordneter Bedeutung. Die Terrariengröße sollte auf die Gesamtlänge bezogen im Verhältnis (Länge x Breite x Höhe): 1 x 0,5 x 0,5 bemessen sein.

Temperatur: 21-31 °C, nachts 5 °C kühler, Sonneninseln bis 33 °C, Wassertemperatur 18-22 °C.

Luftfeuchtigkeit: 50-70 %.

Beleuchtung: Bis zu zwölf Stunden. Ein Beleuchtungsmittel mit UV-Anteil empfiehlt sich.

Winterruhe: Lassen Sie über einen Zeitraum von drei Monaten bei 12-15 °C die Beleuchtung ausgeschaltet.

Fortpflanzung: Etwa 60 Tage nach der Paarung legen die Weibchen bis zu zwölf Eier. Das Gelege bildet einen Klumpen, der auch so belassen werden sollte. Der Schlupf erfolgt bei 26-28 °C nach rund 50 bis 65 Tagen. Frisch geschlüpfte Junge sollten direkt in ein Behältnis umgesetzt werden. Die Aufzucht erfolgt einzeln.

Bemerkung: Abgesehen von ihrer kannibalischen Fresslust ist die Art sehr friedfertig.

Eignung: Nicht nur eine der farblich ansprechendsten Arten, sondern auch für wenig erfahrene Terrarianer geeignet.

Die auffällig attraktiv gemusterte *Lampropeltis triangulum sinaoloae* ist eine von etwa 25 Unterarten. Das Muster der harmlosen Natter erinnert an eine Giftschlange der Gattung *Micrurus*.

Klimastation Guaymas, Mexiko *

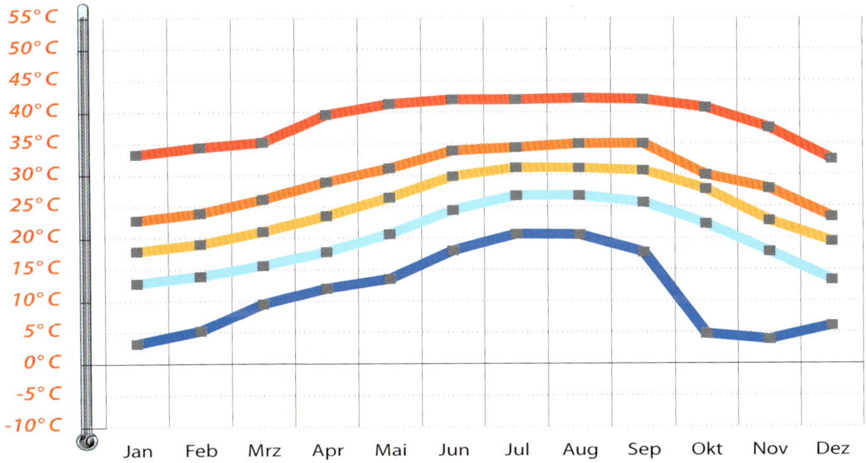

Absolute maximale Temperatur, Durchschnittliche maximale Temperatur, Durchschnittliche Temperatur, Durchschnittliche minimale Temperatur, Absolute minimale Temperatur.

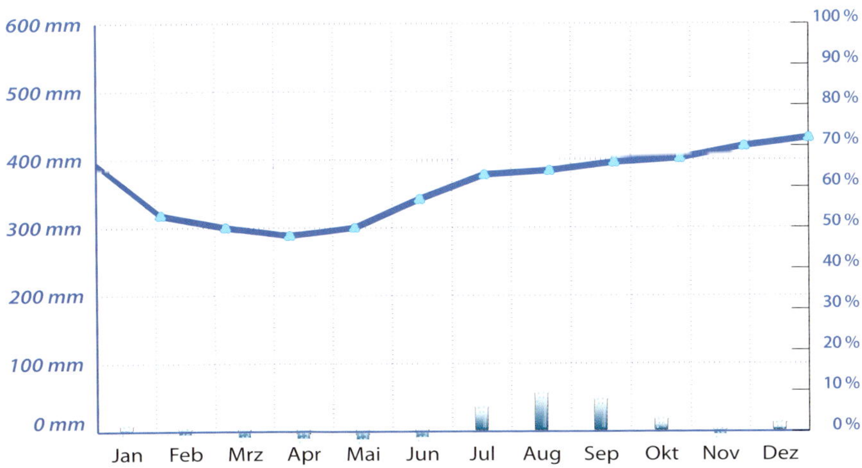

Durchschnittlicher Niederschlag in mm

Durchschnittliche relative Luftfeuchtigkeit in %

* Quelle: MÜLLER, M. (1996): Handbuch ausgewählter Klimastationen der Erde. Universität Trier, Forschungsstelle Bodenerosion.

Sechsstreifen-Lang-schwanzeidechse

Takydromus sexlineatus

(DAUDIN, 1802)

Familie: *Lacertidae* (Halsbandeidechsen).
Herkunft: Lichte Wälder und Graslandschaften Südchinas, Vietnams, Hinterindiens, Malaysias und Indonesiens.
Größe: Bis 36 cm, Kopf-Rumpf-Länge 6 cm.
Beschreibung: Die Grundfarbe ist Oliv bis Braun. Auf dem Rücken verlaufen helle Längsstreifen. Die Unterseite ist weißlich bis cremefarben. Der lange und spitze Kopf ist kaum vom Körper abgesetzt. Deutlich sichtbar sind die Ohröffnungen. Die Gliedmaßen und besonders die Zehen sind lang und dünn. Letztere sind mit Krallen und Haftlamellen versehen. Der Schwanz ist fünfmal so lang wie der Körper.
Aktivitätszeit: Tagaktiv.
Lebensweise: Bodenbewohnend.
Verhalten: Sechsstreifen-Langschwanz-eidechsen bewegen sich sehr flink. Auch im Terrarium ist die Art äußerst agil. Beim schnellen Laufen über dünne Grashalme hilft der lange Schwanz, das Gleichgewicht zu halten. Mit der Zeit werden die Tiere in menschlicher Obhut recht zutraulich.
Zusammensetzung: 1,1 / 1,X.
Geschlechtsunterscheidung: Männchen erkennt man an der verdickten Schwanzwurzel, den größeren Femoralporen und vor allem an einer Reihe schwarz umrandeter gelblicher Flecken, die sich in einem von der Schnauzenspitze über das Auge bis zur Schwanzwurzel reichenden dunklen Streifen befinden.
Nahrung: Gefüttert werden Fliegen wie Drosophila und Schmeißfliegen, kleine Heuschrecken, Buffalos (Getreideschimmelkäferlarven), Heimchen, Grillen, Spinnen und Wiesenplankton. Regelmäßig sollten Vitamine und Mineralien hinzugegeben werden.
Terrarium: Die Art wird im Halbfeuchtterrarium gepflegt. Idealerweise besteht die Dekoration aus Pflanzen mit möglichst langen Halmen, trockenen, nicht zu dicken Zweigen, Reben und Wurzeln. Die Terrarienrückwand sollte man mit flachen Korkplatten oder Borke bekleben, um die Kletterfläche zu vergrößern. Als Substrat eignet sich Torf oder ein staubfreies Gemisch aus Lehm und Sand. Die Terrariengröße sollte auf die Kopf-Rumpf-Länge bezogen für die Haltung eines Einzeltieres oder Paares mindestens im Verhältnis (Länge x Tiefe x Höhe): 12 x 6 x 10 bemessen sein. Becken ab 80 cm Länge sind jedoch

empfehlenswerter.

Temperatur: 26-28 °C, nachts 20-22 °C, Sonneninseln 30-35 °C.

Luftfeuchtigkeit: 60-80 %.

Beleuchtung: 10-12 Stunden. UV-Bestrahlung ist erforderlich.

Winterruhe: Senken Sie die Temperatur zwei Monate lang auf 22-24 °C ab, reduzieren Sie etwas die Luftfeuchtigkeit und schränken Sie die Beleuchtungsdauer auf sechs Stunden ein.

Fortpflanzung: Die Weibchen legen in ausgehobenen Nistgruben oder unter Wurzeln zwei bis drei Eier. Der Schlupf der Jungen erfolgt bei 24 °C nach 45 bis 50 Tagen. Die Jungen können zusammen aufgezogen werden.

Bemerkung: Diese Art ist etwas feuchter als andere Halsbandeidechsen zu halten, wobei die Haltung aber auch nicht zu feucht oder gar nass sein sollte. Nachzuchten sind stabiler und den Importtieren unbedingt vorzuziehen.

Eignung: Auch für wenig erfahrene Terrarianer geeignet.

Deutlich sichtbar sind bei der Sechsstreifen-Langschwanzeidechse die Ohröffnungen. Der lange, spitze Kopf ist kaum vom Körper abgesetzt.

Klimastation Saigon, Vietnam *

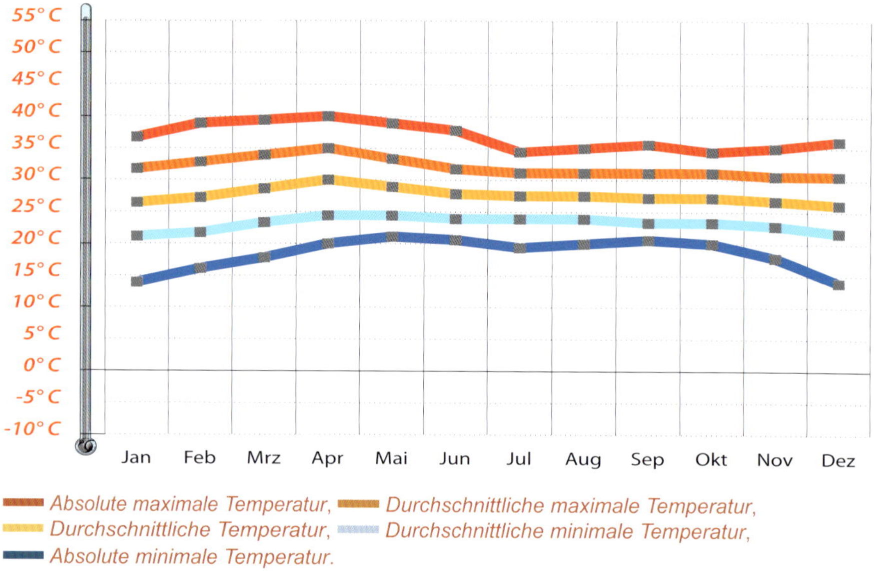

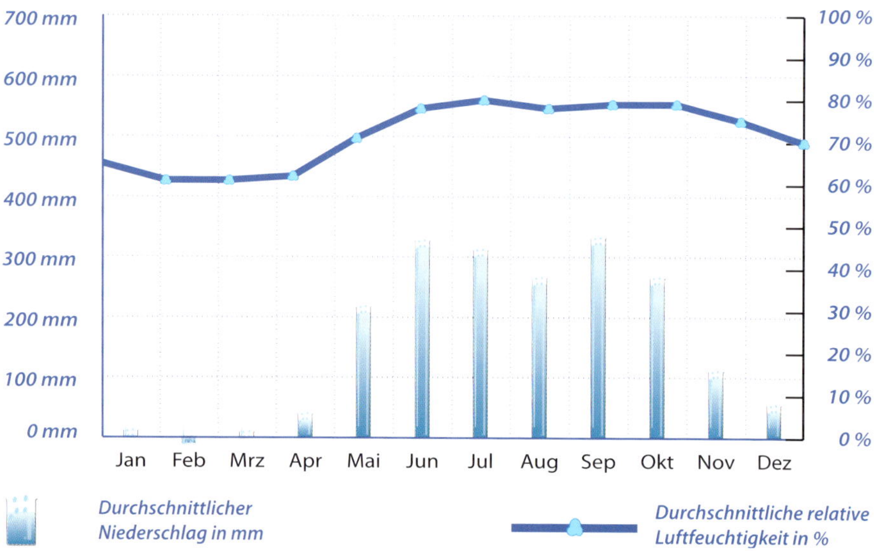

* Quelle: MÜLLER, M. (1996): Handbuch ausgewählter Klimastationen der Erde. Universität Trier, Forschungsstelle Bodenerosion.

Timorwaran

Varanus timorensis

(Gray, 1831)

Familie: *Varanidae* (Warane).

Herkunft: Halbtrockene Wälder auf den Inseln Timor, Neuguinea, Samao, Savu, Rotti.

Größe: Gesamtlänge bis 60 cm, Kopf-Rumpf-Länge bis 22 cm.

Beschreibung: Die Grundfarbe ist gelblich oder oliv bis schwarz. Die Zeichnung der Flecke auf dem Körper mutet geometrisch an. Ein dunkler, unten weiß abgesetzter Schläfenstreifen verläuft vom Auge bis zum Halsansatz. Die Körperunterseite ist dezent gefleckt bis einfarbig weiß-grau. Der Kopf ist kurz und flach und geht in eine spitze Schnauze über. Der Schwanz ist grau bis schwarz und unregelmäßig gebändert.

Aktivitätszeit: Tagaktiv.

Lebensweise: Boden- und baumbewohnend.

Verhalten: Der Timorwaran lebt in der Natur auf Bäumen in der Nähe von Gewässern, die er nur zur Jagd auf Insekten, Mäuse, kleinere Reptilien und Amphibien verlässt.

Zusammensetzung: 1,1.

Geschlechtsunterscheidung: Die Männchen haben einen kräftigeren Kopf und eine dickere Schwanzwurzel.

Nahrung: Jeden zweiten Tag werden Insekten, nestjunge Säuger sowie Fisch gefüttert.

Terrarium: Das Halbfeuchtterrarium wird mit Kletterästen sowie Verstecken und hartlaubigen Pflanzen dekoriert. Als Substrat dient eine Mischung aus Sand, Waldhumus und Torf. Ein größeres Wasserbecken sollte aufgestellt werden. Die Terrariengröße sollte auf die Kopf-Rumpf-Länge bezogen für die Haltung eines Einzeltieres oder Paares im Verhältnis (Länge x Tiefe x Höhe): 6 x 4 x 5 bemessen sein.

Temperatur: 28-30 °C, nachts 20-25 °C, Sonneninseln bis 35 °C.

Luftfeuchtigkeit: 60-90 %.

Beleuchtung: Bis zu 14 Stunden. UV-Bestrahlung ist erforderlich.

Winterruhe: Nicht erforderlich. Bei der Zucht wirkt eine Ruhepause mit geringeren Temperaturen von 22-24 °C und weniger Futter stimulierend.

Fortpflanzung: Die Weibchen legen etwa vier Wochen nach der Befruchtung bis zu zehn Eier. Bei 28-30 °C erfolgt der Schlupf der Jungen nach ungefähr 115 bis 150 Tagen.

Bemerkung: Die Nachzucht ist im Terrarium bisher nur vereinzelt gelungen.

Eignung: Auf Grund seiner geringen Körperlänge einer der wenigen Warane, die im privaten Terrarium gut zu halten sind.

Auf Grund seiner geringen Gesamtlänge von 60 cm ist der Timorwaran, hier abgebildet ein Jungtier, einer der wenigen Warane, die im privaten Terrarium gehalten werden können.

Die Körperzeichnung adulter Tiere, hier abgebildet beim Baden, ist der des Stachelschwanzwarans, den man in Trockenterrarien hält, auf den ersten Blick recht ähnlich.

Klimastation Daru, Papua-Neuguinea *

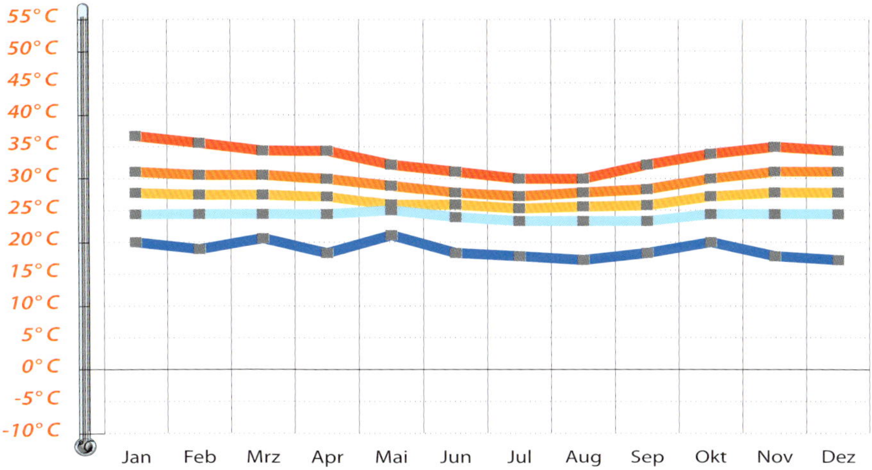

Absolute maximale Temperatur, Durchschnittliche maximale Temperatur, Durchschnittliche Temperatur, Durchschnittliche minimale Temperatur, Absolute minimale Temperatur.

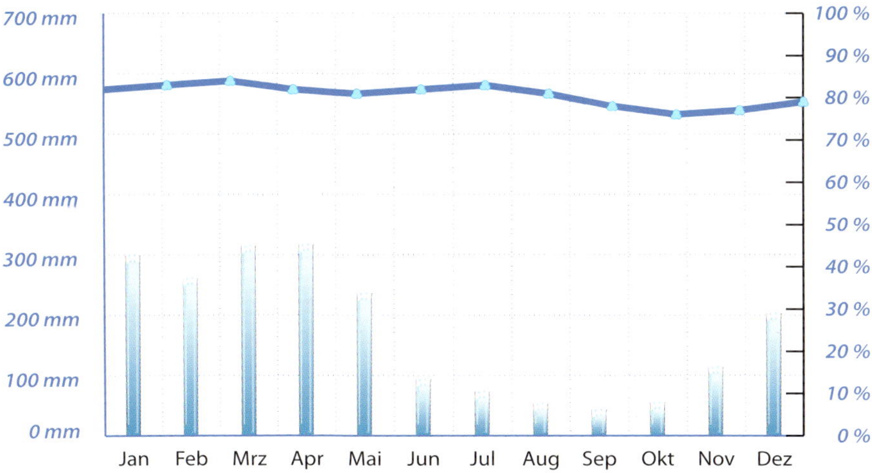

Durchschnittlicher Niederschlag in mm

Durchschnittliche relative Luftfeuchtigkeit in %

* Quelle: MÜLLER, M. (1996): Handbuch ausgewählter Klimastationen der Erde. Universität Trier, Forschungsstelle Bodenerosion.

Tokeh

Gekko gecko

(LINNAEUS, 1758)

Anderer Name: Tokee.
Familie: *Gekkonidae* (Geckos).
Herkunft: Nordindien bis Südchina, Inseln zwischen Asien und Australien.
Größe: Gesamtlänge bis 36 cm, Kopf-Rumpf-Länge bis 18 cm.
Beschreibung: Der Tokeh ist einer der größten Geckos. Sein Körperbau ist auffallend wuchtig. Die Grundfärbung ist graugrün, graublau bis grauviolett mit zahlreichen blauen und orangeroten Flecken, die in sechs bis sieben Querreihen über den Körper verlaufen. Der breite, vom Hals abgesetzte Kopf wirkt dreieckig.
Aktivitätszeit: Dämmerungs- und nachtaktiv.
Lebensweise: Fels- und baumbewohnend.
Verhalten: Die Tiere fressen erst nach langer Eingewöhnung von der Pinzette und verlieren ihre Scheu nur sehr langsam. Männchen machen sich mit charakteristischen Lauten bemerkbar, denen sie ihren Namen verdanken, da sie sich wie „Tokeh" anhören. Die Weibchen fauchen nur bei Abwehr. Nachzuchten sind oft viel zutraulicher und auch tagsüber oft zu sehen und zu hören.
Zusammensetzung: 1,1. In großen Terrarien auch 1,X möglich.
Geschlechtsunterscheidung: Männchen haben größere Präanalporen und sind größer als die Weibchen.
Nahrung: Die Art frisst Heimchen, Grillen, Schaben, Heuschrecken, nestjunge Säuger – eigentlich alles, was sich bewegt. Regelmäßig sollten Vitamine verabreicht werden. Eine zerkleinerte Sepiaschale oder Taubengrit darf ebenso wenig fehlen wie ein Wasserschälchen.
Terrarium: Die Art wird im beheizten Halbtrockenterrarium gehalten. Als Bodengrund eignet sich Sand oder ein Sand-Waldboden-Gemisch. Bieten Sie Klettermöglichkeiten und dekorieren Sie mit großen Korkstücken und Steinplatten, damit sich die Tiere tagsüber verstecken können. Die Terrariengröße sollte für die Haltung von Einzeltieren oder Paaren auf die Kopf-Rumpf-Länge bezogen im Verhältnis (Länge x Tiefe x Höhe): 6 x 6 x 8 bemessen sein.
Temperatur: 27-33 °C, nachts 21-23 °C, Sonneninseln 40 °C.
Luftfeuchtigkeit: 50-70 %.
Beleuchtung: 10-12 Stunden.
Fortpflanzung: Auf Holz oder Steinen werden mehrmals im Jahr zwei hartschalige Eier zusammengeklebt. Die Eier sind sehr schwer vom Untergrund zu entfernen und werden am

besten im Terrarium belassen. Eier und geschlüpfte Jungtiere werden von den Elterntieren sorgfältig bewacht. Eine Alternative ist natürlich, das Terrarium mit herausnehmbarer Dekoration auszustatten, um die Eier entnehmen zu können. Im Terrarium schlüpfen die Jungen bei Tagestemperaturen von 28-30 °C nach etwa 90 bis 180, aber zuweilen auch erst nach über 200 Tagen. Bei konstanten Temperaturen von 28-30 °C im Inkubator schlüpfen die bis zu 10 cm großen Jungen nach etwa 60 Tagen.

Bemerkung: Tokehs sind sehr wehrhaft und äußerst bissig. Sie sollten nur wenn notwendig und nur mit Handschuhen angefasst werden. Wegen der nächtlichen lautstarken Rufserie ist die Haltung in Schlafzimmernähe nicht gerade zu empfehlen.

Eignung: Auch für wenig erfahrene Terrarianer geeignet.

Literatur: Grossmann, W. (2004): Der Tokeh. Natur und Tier - Verlag, Münster.

Der Tokeh ist einer der größten Geckos mit auffallend wuchtigem Körperbau. Ausgewachsene Tiere können eine Gesamtlänge von maximal 36 cm erreichen.

Klimastation Mandalay, Myanmar *

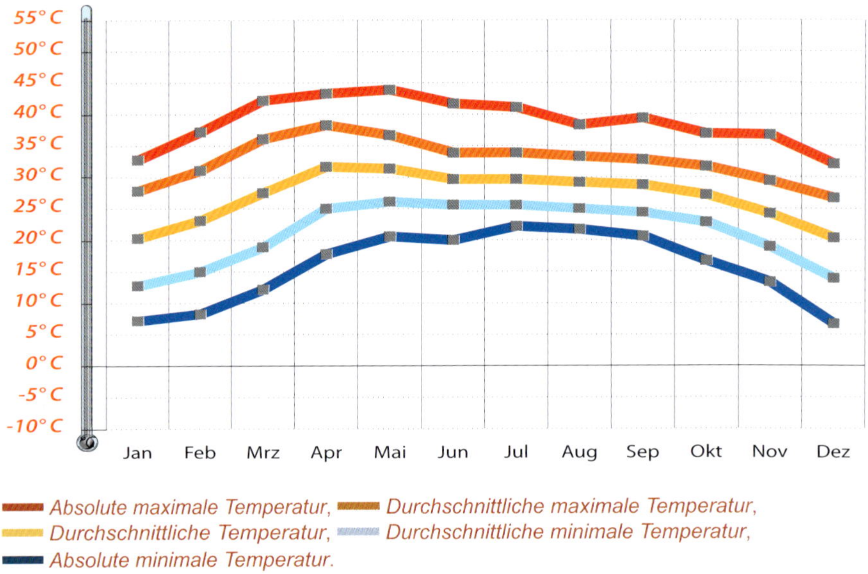

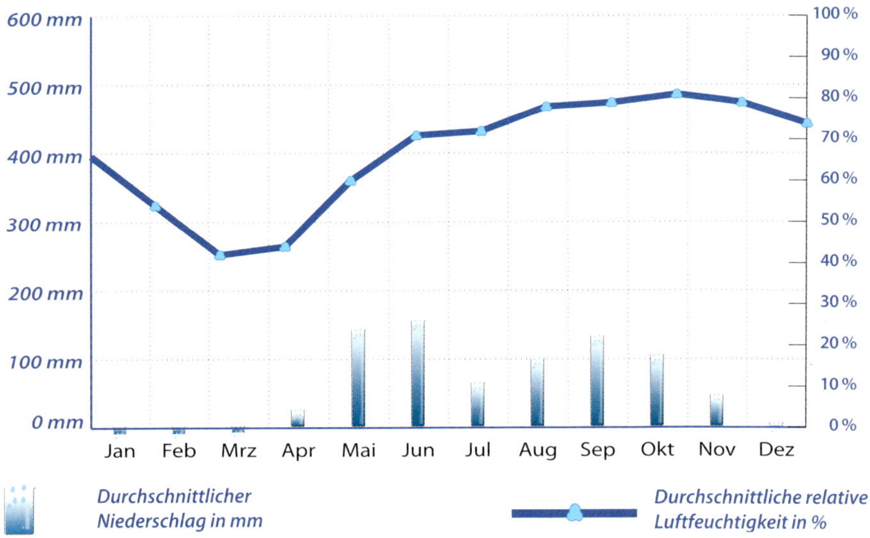

* Quelle: MÜLLER, M. (1996): Handbuch ausgewählter Klimastationen der Erde. Universität Trier, Forschungsstelle Bodenerosion.

SERVICESEITEN

Hilfreiche Adressen

Herpetologische Organisationen

Bundesverband praktischer Tierärzte e.V., Hahnstraße 70, 60528 Frankfurt, Tel.: 0 69/66 98 18-0, www.tieraerzteverband.de, E-Mail: BPT-eV@t-online.de

CITES-Sekretariat, Frau Paula Henry, Scientific Coordination Unit, Chemin des Anémones, CH-1219 Châtelaine, Geneva, Tel.: 00 41-22/9 17 81 21, www.cites.org, www.cites-online.de, E-Mail: cites@unep.ch

Deutsche Gesellschaft für Herpetologie und Terrarienkunde (DGHT) e.V., Geschäftsstelle, Postfach 1421, 53351 Rheinbach, Tel.: 0 22 25/70 33 33, www.dght.de, E-Mail: gs@dght.de

Verband deutscher Vereine für Aquarien- und Terrarienkunde (VDA), Luxemburger Straße 16, 44789 Bochum, Tel.: 02 34/38 16 50, www.vda-online.de, E-Mail: info@vda-online.de

Zentralverband Zoologischer Fachbetriebe Deutschlands e.V. (ZZF), Postfach 14 20, 63204 Langen, Tel.: 0 61 03/91 07-0, www.zzf.de, E-Mail: info@zzf.de

Österreich

Herpetologische Terraristische Vereinigung Österreichs (HTVÖ), Postfach 60, A-1225 Wien, Tel.: 00 43-06 64/2 43 66 06, www.htvoe.at, E-Mail: info@htvoe.at

Österreichische Gesellschaft für Herpetologie (ÖGH), c/o Naturhistorisches Museum Wien, Burgring 7, A-1014 Wien, Tel.: 00 43-01/52 17 72 86, www.nhm-wien.ac.at/nhm/herpet/index.htm, E-Mail: andreas.hassl@univie.ac.at

Österreichischer Verband für Vivaristik und Ökologie (ÖVVÖ), Hans Esterbauer (Präsident), Johann-Puch-Straße 27/III/5, A-4400 Steyr, Tel.: 00 43-0 72 52/8 35 44, E-Mail: hans.esterbauer@aon.at

Reptilienverein Austria (RVA), Alexander Svobofa, A-4840 Vöcklabruck, www.rva.at, E-Mail: webmaster@rva.at

Schweiz

IUCN/SSC Amphibia/Reptilia Group, R.E. Honegger, Zoo Zürich, Zürichbergstrasse 221, CH-8044 Zürich, www.zoo.ch, E-Mail: zoo@zoo.ch

SWISSHERP, gemeinsame Homepage verschiedener herpetologischer Organisationen in der Schweiz, Dr. Beat Akeret, Katzenruetistraße 5, CH-8153 Ruemlang, Tel.: 00 41-1/8 17 02 57, www.swissherp.org, E-Mail: Admin@swissherp.org

Forschungs- und Untersuchungsinstitute

Alphabiocare, Institut für Zoomorphologie, Zellbiologie und Parasitologie, c/o Prof. Dr. Mehlhorn, Universitätsstraße 1, Gebäude 26.03.00.70, 40225 Düsseldorf, Tel.: 02 11/8 11 28 53, E-Mail: mehlhorn@uni-duesseldorf.de

Laboklin, Mikrobiologisches und parasitologisches Institut, Postfach 18 10, 97668 Bad Kissingen, Tel.: 09 71/7 20 20, www.laboklin.de

Staatliches Veterinäruntersuchungsamt, Dr. Silvia Blahak, Westernfeldstraße 1, 32758 Detmold, Tel.: 0 52 31/91 16 40

Österreich

Veterinärmedizinische Universität Wien, Institut für Biochemie, Prof. Dr. Franz Schwarzenberger, Veterinärplatz 1, A-1210 Wien

Schweiz

Institut für Tierpathologie der Uni Bern, Herrn Horst Posthaus, Länggas-Straße 122, CH-3012 Bern, Tel.: 00 41-3 16 31 24 00

Strumpfbandnatter

Zeitschriften & Internet

Zeitschriften

Amphibia, Die Eidechse, elaphe, Iguana, Radiata, Salamandra, Sekretär, DGHT, Postfach 1421, 53351 Rheinbach, Tel.: 0 22 25/ 70 33 33, Fax: 0 22 25/70 33 38, www.dght.de, E-Mail: gs@dght.de (Bezug ist Bestandteil der Mitgliedschaft)

Aquaristik Fachmagazin, Tetra Verlag GmbH, Berliner Straße 8, 16727 Berlin-Velten, Tel.: 0 33 04/20 22-0, Fax: 0 33 04/20 22-20, www.tetra-verlag.de, info@tetra-verlag.de

DATZ, Die Aquarien- und Terrarienzeitschrift, Eugen Ulmer Verlag, Wollgrasweg 41, 70599 Stuttgart, Tel.: 07 11/45 07 01 06, Fax: 07 11/ 45 07 01 20, www.datz.de, info@ ulmer.de

Der Taggecko, vierteljährliches Rundschreiben für Mitglieder der IG Phelsuma, www.ig-phelsuma.de

DRACO, **REPTILIA**, **TERRARIA**, Natur und Tier - Verlag, An der Kleimannbrücke 39-41, 48157 Münster, Tel.: 02 51/13 33 90, Fax: 02 51/1 33 39 33, www.ms-verlag.de, verlag@ms-verlag.de

Herpetofauna, Herpetofauna Verlags GmbH, Postfach 1110, 71365 Weinstadt, Tel. und Fax: 0 71 51/ 60 06 77, www.herpetofauna.de, info@herpetofauna.de

SAURIA, Terrariengemeinschaft Berlin e.V., c/o B. Buhle, Planetenstraße 45, 12057 Berlin, Tel. und Fax: 0 30/6 84 71 40, www.sauria.de, abo@sauria.de

Zeitschrift für Feldherpetologie, Laurenti-Verlag, Dr. Burkhard Thiesmeier, Diemelweg 7, 33649 Bielefeld, Tel.: 0 52 41/9 61 93 03, Fax: 0 52 41/9 61 93 04, www.laurenti.de, E-Mail: verlag@laurenti.de oder thiesmeier@cityweb.de

Internet

www.agamen.de
www.dght.de
www.terraon.de
www.terraristik.com
www.terraristik-talk.de
www.tieraerzteverband.de
www.wisia.de

Glossar

A

Abdomen: Hinterleib

adult: geschlechtsreif, erwachsen

Art: Einteilungsstufe der Systematik, die der Gattung untergeordnet ist. Biologisch betrachtet eine Gruppe von Individuen, die in allen wesentlichen erblichen Merkmalen übereinstimmen und in freier Natur fruchtbare Nachkommen hervorbringen

B

Balz: Werbeverhalten eines Männchens gegenüber einem Weibchen zum Ziel der Fortpflanzung

Biotop: Lebensraum einer Art

D

dorsal: am Rücken, auf der Oberseite befindlich

E

Ektoparasit: an der Körperaußenseite befindlicher Parasit

Endoparasit: innerhalb des Körpers befindlicher Parasit

et al.: et alii, lateinisch für „und andere". Bei Literaturverweisen, wenn neben dem genannten weitere Autoren mitgewirkt haben.

F

Familie: Einteilungsstufe der Systematik, die der Klasse und Ordnung folgt

Femoralporen: Drüsen bei Echsen auf der Innenseite der Oberschenkel. Bei Männchen in der Paarungszeit stark ausgeprägt

G

Gattung: Einteilungsstufe der Systematik, die der Art übergeordnet ist

Gesamtlänge: Maß für die Körperlänge von der Schnauzen- bis zur Schwanzspitze

Geschlechtsdimorphismus: unterschiedliches Aussehen männlicher und weiblicher Individuen

GL: Gesamtlänge

H

Habitat: Vorkommen- bzw. Verbreitungsgebiet einer Art

Hemipenis: paariges Geschlechtsorgan bei männlichen Reptilien

Herpetologie: Lehre von den Amphibien und Reptilien

I

Inkubation: Ausbrüten von Eiern

J

juvenil: jugendlich, noch nicht geschlechtsreif

K

Klasse: Einteilungsstufe der Systematik mit der Unterscheidung zum Beispiel in Reptilien und Amphibien

Kloake: Öffnung zur Ausscheidung von Exkrementen sowie zur Abgabe und Aufnahme von Spermien

Kommentkampf: ritualisierter Kampf, bei dem die Rangordnung innerhalb der Gruppe festgelegt wird, ohne dass es zu Verletzungen kommt

Kopf-Rumpf-Länge: Maß vom Anfang der Schnauze bis zur Kloakenöffnung

Kopulation: Begattung, Paarung

KRL: Kopf-Rumpf-Länge

L

lateral: an der Seite befindlich

N

Nominatform: Form einer mehrere Unterarten umfassenden Art, der alle anderen Unterarten zugeordnet werden

O

Ordnung: Einteilungsstufe der Systematik, die der Klasse unter- und der Unterordnung übergeordnet ist

ovovivipar: spezifische Form der Viviparie (Gebären lebender Jungen), bei der die Eier in einem fortgeschrittenen Stadium abgesetzt werden und der Schlupf der Jungen noch während der Eiablage oder unmittelbar danach erfolgt

P

Parasit: Schädling

Population: Gesamtheit der Individuen einer Art innerhalb eines bestimmten Gebiets, die eine Fortpflanzungsgemeinschaft bilden

Präanalporen: direkt vor der Kloake befindliche vergrößerte Drüsen, die bei vielen Arten wichtig zur Geschlechtsunterscheidung sind

Präanofemoralporen: Gesamtheit der Präanal- und Femoralporen

Q

Quarantäne: vorübergehende räumliche Isolation von Tieren

R

Rachitis: Krankheit, bei der sich Knochen und Panzer durch einen Mangel an Kalzium und/oder Vitamin D_3 auflösen.

Revier: abgegrenztes Gebiet, das ein Tier als sein eigenes betrachtet und entsprechend verteidigt

Ritualkampf: siehe Kommentkampf

S

Schwanzlänge: Maß von der Kloake bis zum Schwanzende

Schwanzwurzel: Stelle am Übergang zwischen Schwanz und Körper

SL: Schwanzlänge

Subspezies: siehe Unterart

Substrat: Synonym für Bodengrund und Inkubationsmaterial

Sukkulenten: Pflanzen mit der Fähigkeit, in Stamm, Wurzeln oder Blättern Wasser zu speichern

Synonym: umgangssprachlich, alternativer Begriff; wissenschaftlich, veraltete Bezeichnung

Systematik: Einteilung des Tierreiches nach natürlichen Verwandtschaftsverhältnissen

T

Taxonomie: aus der Systematik resultierende Namensgebung

territorial: das Revier gegenüber Artgenossen verteidigend

U

Unterart: kleinste Einteilungsstufe der Systematik, die der Art nachgeordnet ist

Z

Zeitigung: siehe Inkubation

Kopfporträt eines Jemenchamäleon-Männchens.

LITERATURVERZEICHNIS

Folgende Bücher und Publikationen wurden zur Erstellung dieses Buchs verwendet oder werden - sofern nicht bereits in den Artenporträts als Literaturtipp genannt - dem interessierten Leser empfohlen:

Bundesministerium für Ernährung, Landwirtschaft und Forsten (1997): Gutachten über Mindestanforderungen an die Haltung von Reptilien vom 10. Januar 1997.

Drewes, O. (2002): Faszination Terraristik. Wachtberg Verlag, Wachtberg-Berkum.

- (2005): Kompaktwissen Echsen. VIVARIA Verlag, Meckenheim.

- (2009): Kompaktwissen Agamen. VIVARIA Verlag, Meckenheim.

Freye, F. L. (2003): Reptilien richtig füttern. Eugen Ulmer Verlag, Stuttgart

Friedrich, U. & W. Volland (2005): Futtertierzucht. Lebendfutter für Vivarientiere. 4. Auflage. Eugen Ulmer Verlag, Stuttgart.

Hallmen, M. & J. Chlebowy (2001): Strumpfbandnattern. Natur und Tier - Verlag, Münster.

Hauschild, A., Henle, K. & R. Hitz (2000): Blauzungenskinke. Natur und Tier - Verlag, Münster.

Hegetschweiler, K. T.; Jerrmann, T. & B. Baur (2003): Einfluß der pflanzlichen Strukturvielfalt im Terrarium auf die Aktivität und das Verhalten junger Jemenchamäleons *(Chamaeleo calyptratus).* Urban & Fischer Verlag, Basel. Zool. Garten N. F. 73 (2003) 6, S. 359-367.

Horn, H.-G., Sauer, K., Schuchart, H., & B. Steck (2004): Vivarienbeleuchtung. Das richtige Licht in Aquarium und Terrarium. Edition Chimaira, Frankfurt am Main.

Köhler, G. (1996): Krankheiten der Amphibien und Reptilien. Eugen Ulmer Verlag, Stuttgart.

- (2004): Inkubation von Reptilieneiern. 2. Auflage. Herpeton Verlag, Offenbach.

Meusel, W. & J. Hübl (1991): Vivarienbepflanzung. Urania Verlag, Leipzig.

Rundquist, E. M. (1996): Parasiten bei Reptilien und Amphibien. Bede Verlag, Ruhmannsfelden.

Sassenburg, L. (2005): Handbuch Schildkrötenkrankheiten. Herpeton Verlag, Offenbach.

Wilms, T. (2001): Terrarieneinrichtung. Grundlagen, Materialien, Methoden. Natur und Tier Verlag, Münster.

Jemenchamäleon

STICHWORT-VERZEICHNIS

Die fett gedruckten Seitenzahlen verweisen auf Fotos.

Blutsaugeragamen-Weibchen in ihrem natürlichen Habitat.

BILDQUELLEN-NACHWEIS

Zur Vereinfachung wird Seite mit „S.“, oben mit „o.“, mittig mit „m“, unten mit „u.“, links mit „li.“, rechts mit „re.“, sowie und mit „+“ abgekürzt.

Foto Cover: Drewes, Oliver

Borghold, Reiner: S. 10, 19 u., 63 o. + u.
Clanzett, Theo: S. 88
Dohse Aquaristik KG: S. 9 li. + re. o., 12, 13, 14, 17, 18, 19 o., 24, 26 li. o. + u., 27, 29, 30, 31, 32, 33, 36, 37, 38, 39
Drewes, Oliver: S. 4, 9 re. u.
Eurozoo: S. 26 re. m.
Grübner, Daniel: S. 69 o.
Hagen Deutschland GmbH & Co.KG: S. 26 re. m.
Hartung, Timo: S. 89
Hegner, David: S. 46, 47, 92,93
Heid, Günther: S. 72
Henkel, Friedrich Wilhelm: S. 84
Hennig, Andreas S.: S. 43
Hofmann, Thomas: S. 1, 62, 81
Import & Export Peter Hoch GmbH: S. 26 re. o.
Kaup Birgit: S. 23
Klesius, Yvonne & Thomas: S. 75
Krampe, Carsten: S. 58, 59
Leptien, Rolf: S. 59
Lossau, Melanie & Dirk: S. 28
Namiba Terra: S. 26 re. u.
NTP Archiv Klaus-Detlef Kühnel: S. 69 u.
Petzold, Dirk: S. 50
Trapp, Benny: S. 44
Wüthrich, Fritz: S. 16, 20, 53, 66
Ziehm, Dieter: S. 78 o. + u.

Blutsaugeragame

DER AUTOR

Oliver Drewes, geboren 1970 in Haan, begeistert sich seit frühestem Kindesalter für die Zierfisch- und Terrarientierhaltung. Nach dem Abitur 1990 fiel ihm die Wahl zwischen einem Biologie- oder Grafikdesignstudium schwer. Er entschied sich dann allerdings für keines von beiden, sondern stattdessen für die Ausbildung zum Industriekaufmann und ein Studium der Betriebswirtschaft. Seit 1999 arbeitet er in einem Traditionsunternehmen der Heimtierbranche mit Aquaristik- und Terraristikprodukten und ist dort als Prokurist tätig.

Daneben arbeitete Oliver Drewes als Autor für den Wachtberg sowie den Gräfe und Unzer Verlag. 2005 gründete er den VIVARIA Verlag.

DANKSAGUNG

Großer Dank gilt den im Bildquellennachweis genannten Firmen und Personen für die freundliche Unterstützung mit Bildmaterial. Dem Zoo Regnskoven in Randers, Dänemark, danke ich für die Erlaubnis, das Titelfoto sowie das Foto auf Seite 4 dort aufgenommen haben zu dürfen. Dr. Jakob Hallermann danke ich für Hinweise zur Systematik.

Publikationen des VIVARIA Verlags

KOMPAKTWISSEN ECHSEN porträtiert ausführlich über 100 Echsenarten. Ergänzt durch einen umfangreichen Allgemeinteil sowie Terrariendekoration und -technik ist das Buch ein unverzichtbares Nachschlagewerk.
Drewes, O.: 432 S., 505 Abb., 1. Auflage 2005, ISBN 3-9810412-0-8

KOMPAKTWISSEN AGAMEN porträtiert ausführlich und großzügig bebildert, ergänzt durch einen umfangreichen Allgemeinteil über Pflege, Ernährung und Terrariengestaltung, die beliebtesten Agamenarten.
Drewes, O.: 288 S., 348 Abb., 1. Auflage 2009, ISBN 978-3-9810412-5-5

DIE CHINESISCHE BERGAGAME stellt die beliebte Art *Japalura splendida* vor. Für herausragende Zuchterfolge wurde die Autorin 2004 mit dem Alfred-A.-Schmidt-Preis ausgezeichnet.
Laue, E.: 96 S., 48 Abb., 1. Auflage 2007, ISBN 978-3-9810412-2-4

DIE ZWERGBARTAGAME vermittelt Grundlagen der Haltung sowie Basiswissen über Klimaansprüche, Pflege und Ernährung der zunehmend beliebten Art *Pogona henrylawsoni.*
Freynik, C.: 64 S., 37 Abb., 2. Auflage 2007, ISBN 978-3-9810412-4-8

KOMPAKTWISSEN TAGGECKOS beschreibt die beliebtesten Phelsumenarten. Für alle, die sich auch für andere Arten als *Phelsuma madagascariensis grandis* interessieren.
Drewes, O.: 96 S., 90 Abb., 1. Auflage 2006, ISBN 978-3-9810412-1-7

DER VIETNAM-GOLDGECKO befasst sich mit Haltung, Pflege, Ernährung und Zucht der in den letzten Jahren immer öfter angebotenen Art *Gekko ulikovskii.*
Hofmann, T.: 64 S., 48 Abb., 1. Auflage 2007, ISBN 978-3-9810412-9-3

Publikationen des VIVARIA Verlags

DAS JEMENCHAMÄLEON vermittelt Grundlagen der Haltung sowie Basiswissen über Klimaansprüche, Pflege und Ernährung der beliebten Art *Chamaeleo calyptratus*.

Esser, S. / Drewes, O.: 64 S., 36 Abb., 1. Auflage 2009, ISBN 978-3-9810412-8-6

KORNNATTERN UND IHRE FARB- UND ZEICHNUNGSVARIANTEN gibt nach Darstellung der allgemeinen Haltungsgrundlagen tiefen Einblick in das Thema Auswahl- und Mutationszucht.

Glaß, M.: 144 S., 148 Abb., 1. Auflage 2007, ISBN 978-3-9810412-6-2

DAS TROCKENTERRARIUM UND SEINE BEWOHNER beschreibt den je nach Art der Einrichtung als Wüsten-, Steppen-, Savannen- und Felsterrarium bezeichneten Terrarientyp und porträtiert die dafür beliebtesten Tierarten.

Drewes, O.: 96 S., 104 Abb., 1. Auflage 2010, ISBN 978-3-9813176-0-2

DAS REGENWALDTERRARIUM UND SEINE BEWOHNER beschreibt den auch als Feucht- oder Urwaldterrarium bezeichneten Terrarientyp und porträtiert die dafür beliebtesten Tierarten.

Drewes, O.: 96 S., 115 Abb., 1. Auflage 2010, ISBN 978-3-9813176-2-6

DAS AQUATERRARIUM UND SEINE BEWOHNER beschreibt den in Sumpfterrarium (Paludarium) oder Uferterrarium (Riparium) unterschiedenen Terrarientyp und porträtiert die dafür beliebtesten Tierarten.

Drewes, O.: 96 S., 104 Abb., 1. Auflage 2010, ISBN 978-3-9813176-3-3

ARTEMIA – DER URZEITKREBS beschreibt die interessante Überlebensstrategie und erfolgreiche Aufzucht der nicht nur als Fischfutter interessanten Krebsart.

Drewes, O: 96 S., 38 Abb., 1. Auflage 2007, ISBN 978-3-9810412-7-9